全景百科•学生版

令孩子着迷的100个地球真相

畲田 编著

陕西新华出版传媒集团
陕西科学技术出版社
——西安——

比陆地宽阔的是大海；
比大海宽阔的是天空；
比天空更为浩瀚的是
无穷的知识；
来吧！让我们一起去
畅游知识的海洋。

——改自维克多·雨果

前言 Foreword

你知道吗，我们的地球从诞生至今，已经是个46亿岁的老寿星了。在古代，由于科技不发达，人们只能凭借看到的一切来猜测地球的形状与大小，当一些现象无法解释的时候，人们就产生了各种各样的幻想。直到大航海家麦哲伦环球航行后，才真正地证实了地球是球形的。

地球上2/3的面积都被海水覆盖着，所以从太空向地球望去，它是一个蔚蓝色的球体。地球有着最丰富的“表情”，除平原、高原、盆地外，还有山脉、峡谷、河流、湖泊、沼泽等。平原是人类的主要居住地，山脉、河流、湖泊是大自然最美丽的点缀。地球上还蕴藏着丰富的资源，有煤、石油、天然气等，它们都是人类赖以生存的宝贵资源。

近年来，空气污染、水污染、垃圾污染等日趋严重，破坏了我们的生存环境。我们只有一个地球，一旦它遭到破坏，后果将不堪设想。为了让我们生存的家园更加美好，请保护我们的地球吧！

目录

大陆

天气

山脉和峡谷

水 域

陆上岛屿

自然灾害

大　陆

大陆和洲是构成地球上陆地的基本单位。在很久以前，地球上的陆地是连在一起的，后来由于地球内部的剧烈运动，就分割成了各个大陆和海洋。随着时间的推移，就形成了现在的地表。

神奇演变——地球的形成

No.001

地球是所有生命共同的家园。几个世纪以来，人们一直在研究地球是如何形成的。在科学技术发达的今天，科学家告诉我们：大约在 46 亿年前，地球是由宇宙灰尘凝聚而成的。

星云起源

18 世纪的时候，德国哲学家康德提出了星云起源假说，认为地球起源于一团宇宙星云。虽然这个假说有许多问题不能解释，但是却为人类思考地球起源指出了一条合理的道路。

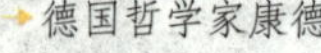

德国哲学家康德

通过卫星测量，人们已发现地球并不是完全的球体，上面有许多不规则的地方。

蓝色的星球

地球常被称为“蓝色的星球”，这是因为地球表面 2/3 的面积都被海水覆盖着。当太阳光照射到海面上时，水分子把蓝色光反射出去，所以从太空中望去，地球是一个蓝色的星球。

note 知识小笔记

据科学家卡文·笛许的测算，地球的质量是 60 万亿亿吨。

地球的形状

1622 年，葡萄牙航海家麦哲伦率领他的船队绕地球航行了一圈，用事实证明了地球是球形的；17 世纪末，牛顿在研究了自转对地球形态的影响后，明确提出地球是一个赤道略鼓、两极略扁的球体。

葡萄牙航海家麦哲伦

太阳的形成

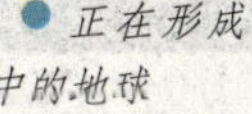

正在形成中的地球

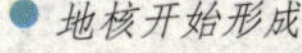

地核开始形成

原始地球

大约在 46 亿年前，一团气体和尘埃不断地旋转、收缩，收缩释放的能量使物质的温度升高，形成了一个炽热的“火球”，这就是最初的原始地球。

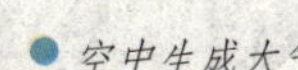

空中生成大气

陆地逐渐形成

今天的地球

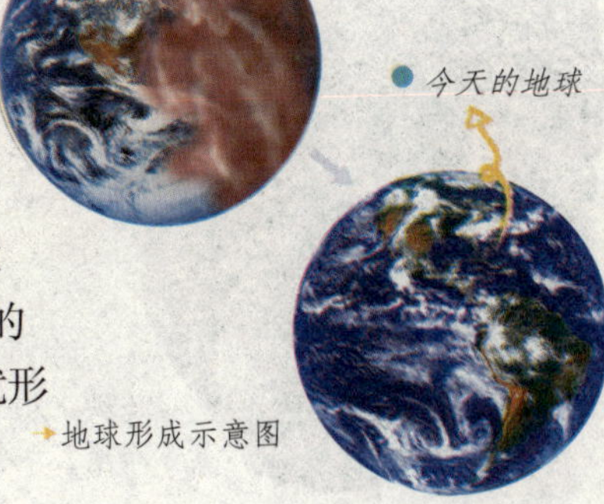

地球形成示意图

地球是如何形成的

由于原始地球的地壳较薄，小天体又不断撞击，造成地球内部熔岩不断上涌，地震与火山喷发随处可见，在火山喷发的过程中从地球内部升起云状的大气。到了距今 5 亿 ~ 25 亿年的元古代，地球上出现了大片相连的陆地，地球就形成了。

No.002

岁月变迁——地球的年龄

地球已经是个46亿岁的老寿星了。相对于人的年龄来说,地球的年龄已经是非常大了,但是和宇宙中其他成员相比,地球其实是一个正处在生命黄金期的“青年”。

化石的见证

地球上的各种动物经过漫长的自然选择,绝大多数物种都灭绝了,有一些生物的遗体在特定的状态下被保留了下来,成为化石。化石可以帮助人们摆脱对地球年龄错误的认识。

菊石化石就像是长在石头里的菊花,形态很可爱。

知识小笔记

地球是行星中唯一一颗表面存在液态水的星球,水是生命的源泉,所以地球是迄今为止唯一具有生命个体的行星。

三叶虫是最有代表性的远古动物,它生活在古生代的海洋中。因其背壳纵分为三部分,因此命名为三叶虫。我们可以根据它的演化过程判断一个地区的地层年代及地质特点。

盘古开天地

“盘古开天辟地”的神话里说，宇宙最初好像一个大鸡蛋，盘古在黑暗混沌的蛋中睡了18 000年。一觉醒来，用斧劈开天地，又过了18 000年，天地形成。这个传说很有趣，但是与地球的实际年龄相差甚远。

盘古开天辟地

根据矿石中的铀元素，可以推测岩石的生存年代。

热量散发和地球年龄

英国著名的科学家开尔文曾利用地球热量的散发和温度求出地球的年龄，计算的结果表明地球的年龄不超过1亿年。这个结果显然太小了，很快就遭到了人们的否定。

根据生物体中的放射性元素——碳元素可以推算出其年龄。

放射性元素测定年代

20世纪初期，科学家发现放射性元素的半衰期十分稳定，于是就采用测定岩石中放射性元素的残余和衰变产物来测定地球的年龄，测算出地球已存在几十亿年的时间。

No.003 追根溯源——地球内部构造

地球的内部状况我们无法直接观察。但是，科学家可以通过研究地震波、火山爆发来猜测地球内部的秘密。地球的外层是地壳，紧接着向里分别为地幔和地核，它们就像鸡蛋的蛋壳、蛋清和蛋黄。

地球的外壳

地球最外面的一层岩石薄壳称为地壳。高山、高原地区的地壳较厚，可以达65千米以上，平原、盆地的地壳相对薄，而深藏于海底的大洋地壳则远比大陆地壳薄，厚度可能只有6千米。

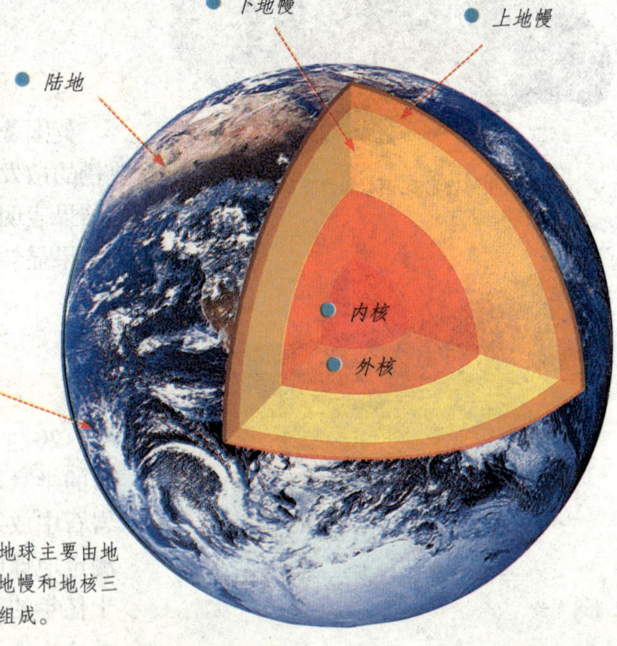

地球主要由地壳、地幔和地核三部分组成。

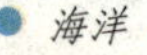

知识小笔记

地球赤道的全长是40 024千米。

地球的中心

地球的中心部分为地核，它又分为外核和内核。据推测，外核可能是液态物质，温度在3 700℃以上，而内核的温度可达到4 000～4 500℃，因为它的压力极高，所以是固态物质。

地球的中间部分

地壳下面是地球的中间层，叫做“地幔”，厚度约2 900千米，它是地球内部体积最大、质量最大的一层。地幔分上、下两层。上层岩石比较软，是地球岩浆的发源地，也称作“软流圈”，下层地幔由金属物质组成。

黄铁矿

地球内部的温度非常高，它能熔化岩石，形成岩浆。平常岩浆好像沸腾的水一样，在地球内部来回流动，当它们聚集到离地表较近的地方时，受地球压力的作用，就会喷发出来。

黄铜矿

地球的构成元素

构成地球的元素是多种多样的。其中，地壳主要是由硅、铝、镁、铁等元素构成的；地幔主要是由含铁和镁的元素构成的；地核主要是由铁、镍等较重的金属元素构成的。

No.004

永不停息——地球的运转

地球每天都在运动着，它在围绕太阳公转的同时，仍不停地以地轴为中心自转，这两种转动是地球运动的基本形式。除此之外，地球的大气在不断地流动，地球表面的水也在流动，地球内部的地壳也在运动。

地球的自转

地球不停地自西向东自转，自转一周需要 23 小时 57 分。地球自转的时候，面对太阳的一面是明亮的白昼，背对着太阳的另一面是黑夜。这样，地球上就有了不断交替的白昼与黑夜之分。

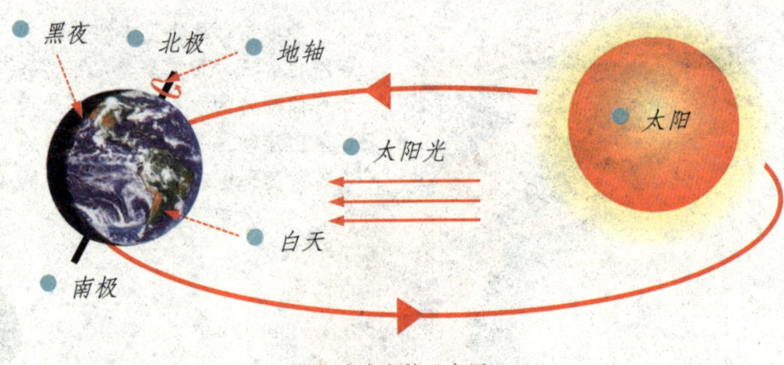

地球自转示意图

由于地球不停地自转，地球上同一时间不同的地方就会产生时差。比如，中国和美国刚好处在地球上相对的两面，当中国是白昼时，美国恰好是黑夜。

地球公转

地球围绕着太阳公转，它的轨道是一个接近正圆的椭圆形。地球平均要用365.2422天的时间才能走完一圈，也就是1年的时间。

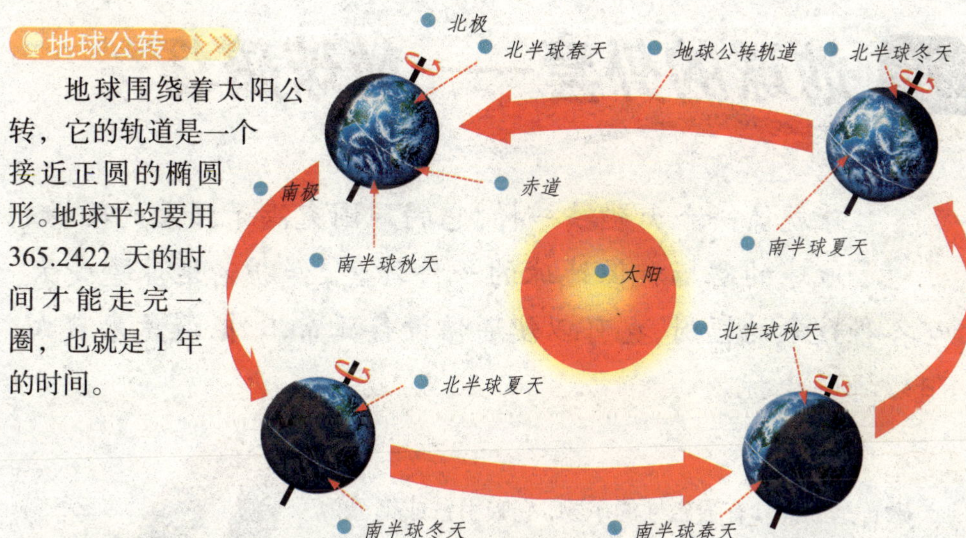

地球公转示意图

知识小笔记

地球有规律地旋转才有了白天、黑夜和四季的变化。

四季更替

地球公转的轨道面与地轴之间有66°34′的夹角，在地球绕太阳旋转的过程中，北半球和南半球先后朝太阳倾斜，于是地球上出现了春夏秋冬四季更替的现象。

No.005

地球的外套——地球磁场

地球就像一个大磁铁一样，它的周围充满了强大的磁场。地球的磁场就像地球的一件外套，保护着地球免受太空各种致命的辐射，也可以使通信设备正常工作，避免来自太阳磁场的干扰。

磁石

磁石是一种具有强磁性的矿物，它吸引铁或钢等物体。常见的磁石有两种：黄铁矿与磁铁矿，它们都是铁的化合物。

经常在实验中见到的磁石

指南针是人类野外郊游、探险的好帮手。

太阳和其他星球都具有磁场，其中地球的磁场最强。

指南针的秘密

指南针是一根带有磁性的针，是用来辨别方向的。指南针最大的特点就是无论如何晃动，在静止时总是指着一个固定的南北方向，这是因为它受到地磁场的作用。

磁偏角的发现

地磁两极和地理两极并不重合，它们的连线之间有一个夹角，所以，指南针所指的南北方向不是正南正北方向，而是存在着一定的偏角。我国北宋时期的科学家沈括最先准确记述了这一现象，在 400 多年后，欧洲的航海家才发现这个现象。

太阳风是从太阳日冕层向行星际空间抛射出的高温高速低密度的粒子流，因为它是一种等离子体，所以也有磁场。

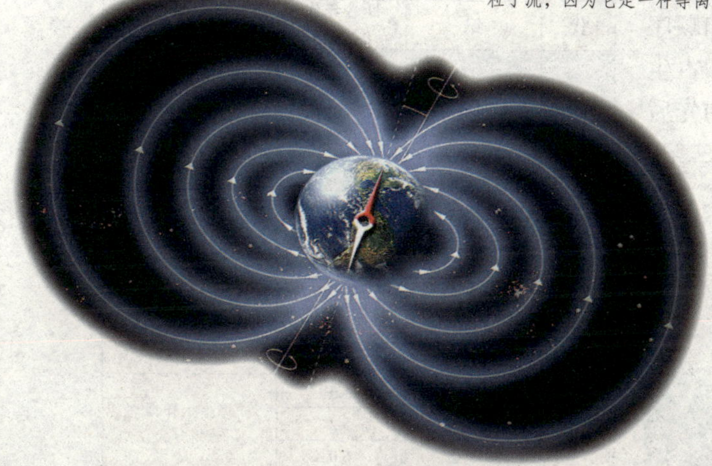

地球是一个被磁场包围的星球，它的周围存在着看不见的磁力场，这就是“地球磁场”。

地磁场的南北极

和具有吸附力的磁铁一样，地磁场也具有南北极，不过地磁场的南北极和地理南北极正好相反。地磁北极在地理南极附近，地磁南极在地理北极附近。两极附近的地磁场最强，而远离极地的赤道附近地磁场最弱。

奇妙历程——生命的演化

No.006

生命起源于地球。早期的地球是一个没有生命的世界，经过漫长的演化，逐渐产生了适合生命物质诞生的环境。在漫长的历史进程中，生物经历了从简单到复杂、由低等到高等、由水生到陆生的逐步进化。

地质年代

地壳上不同时期的岩石和地层，在形成过程中的时间和顺序称为地质年代。地质学家和古生物学家根据地层自然形成的先后顺序，将地层分为了五代十二纪，五代指的是太古代、元古代、古生代、中生代、新生代。

元古代藻类和细菌开始繁盛

地质年代表

代	纪	距今年代（亿年）	生物发展阶段 动物界
新生代	第四纪	0.02~0.03	人类时代
	第三纪 晚第三纪	0.25	哺乳动物时代
	第三纪 早第三纪	0.7	
中生代	白垩纪	1.4	爬行动物时代
	侏罗纪	1.95	
	三叠纪	2.5	
古生代	二叠纪	2.85	两栖动物时代
	石炭纪	3.3	
	泥盆纪	4.0	鱼类时代
	志留纪	4.4	海生无脊椎动物时代
	奥陶纪	5.2	
	寒武纪	6.0	
元古代	震旦纪	9	动物孕育、萌芽发展的初期阶段
		25	
太古代		38.0	原始细菌（原始生命产生）
地球初期发展阶段		46.0	

进化论

达尔文是揭示生命起源的英国自然科学家，他的《物种起源》最早解释了生物的进化现象。

知识小笔记

地球上最早的生命出现在45亿年前，是像细菌一样的东西，它只有一个细胞，今天地球上所有的动植物都是由细胞组成的。

达尔文的进化论

植物

植物是人类和其他生物生存的基础。它们能通过光合作用，把无机物转化成有机物，供给能量。植物主要分为苔藓植物、蕨类植物、裸子植物和被子植物。

动物

动物是自然界最重要的物种，分为无脊椎动物和脊椎动物。无脊椎动物的身体没有脊椎骨，常见的有软体动物和节肢动物；脊椎动物的身体里有脊椎骨，可分为五大类：鸟类、鱼类、两栖类、爬行类和哺乳类。

大多数蕨类植物的叶子都有点儿卷曲，摸起来毛毛的。

海洋动物海豚

No.007 生态平衡的要素——食物链

为了生存，自然界的各种动物相互为食，形成摄食者的营养关系，这种营养关系被称为食物链。自然界的动植物，从低等到高等，组成了一个平衡的食物链，对维护大自然的生态平衡起了巨大作用。

生物圈

地球上所有生命与其赖以生存的环境构成了一个生物圈，它是一个有序的整体，并不是孤立的。生物圈中的个体生命要想在自然环境中生存，就需要阳光、水、适宜的温度和食物。

生态平衡

生态系统时刻不停地进行着能量交换和物质循环，它是一个动态系统，总是处于相对的平衡。打破其中的任意一个环节，都会造成严重的连锁性后果。

生物群落

生物群落是指在某一地区内的植物、动物和微生物相互结合，彼此靠一种关系相维系，形成有规律的群体。

猫头鹰

蛇

青蛙

蝗虫

草

一条简单的食物链

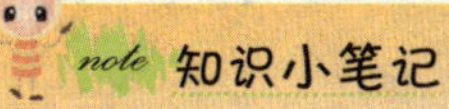

知识小笔记

食物链中的生物种类可以分为生产者、消费者和分解者。

一级消费者

二级消费者

初级消费者

食物链金字塔

生态系统中各种生物数量按照能量流的方向沿食物链递减，在最基层的绿色植物的量最多，其次是以植物为食的动物，再次为各级食肉动物，顶级的生物数量最少，这样就会形成一个生态金字塔。

Food Chain

Continent

不断运动——大陆在漂移

据推测，在大约 2.5 亿年以前，地球上所有的大陆都是连在一起的。随着地球的变化，这些连在一起的大陆逐渐分裂、漂移到了今天的位置，形成了如今的大陆和大洋。

板块移动使得古生物生存的空间扩大

陆地的基本单位

地球表面的海洋互相连接，形成一个不间断的水面，把地球上的陆地划分为几个大板块和无数的小块。人们通常把海洋和陆地区分为几大部分，最大的陆地单位有两个，一个是“大陆”，另一个是“洲”。

地球上的六个大陆

地球上共有六个大陆，它们分别是欧亚大陆、非洲大陆、北美洲大陆、南美洲大陆、南极洲大陆和大洋洲大陆。其中，欧亚大陆是欧洲和亚洲的合称。

知识小笔记

德国物理学家魏格纳在 1912 年提出了大陆漂移的学说。

板块的移动

构成地表岩石圈的是六大板块，它们是太平洋板块、亚欧板块、印度洋板块、非洲板块、美洲板块和南极洲板块。这些板块都在不断地运动，并相互挤压和碰撞，这些运动使地球的面貌不断发生变化。

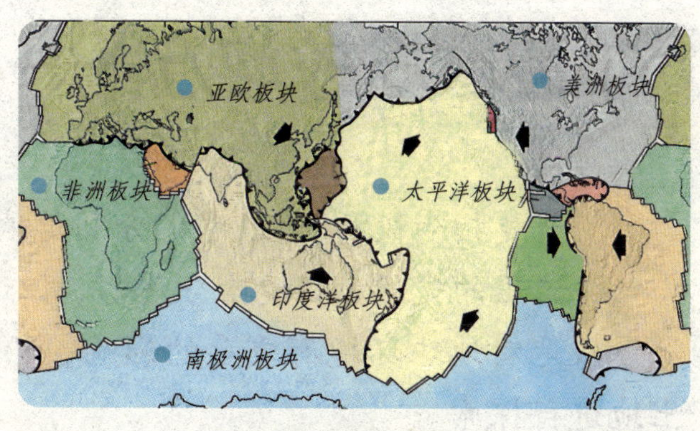

六大板块漂移方向示意图

大陆和洲的区别

大陆一般指整个大陆板块本身，并且是与大洋相对而言的，四面完全或几乎完全被大洋所包围；而洲是以大陆为划分基础的，并且习惯上把大陆附近的各个岛屿都囊括其中。

大陆的漂移过程

劳亚古陆和冈瓦纳古陆

1.35 亿年前，大西洋分裂出来

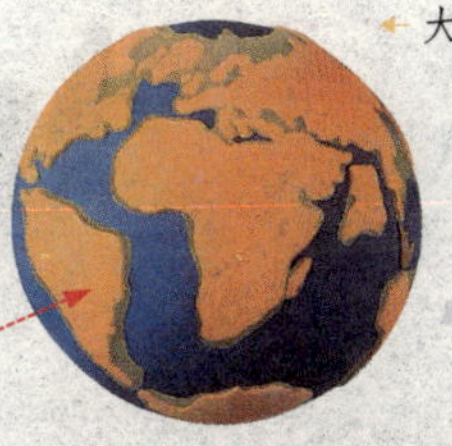

大约在 1.8 亿年前，联合古陆开始分裂

1 000 万年前，大西洋扩大了许多，地球上的几大洲初步形成。

No.009

最寒冷的地方——极地

极地是指南极和北极，它们分别是地球南北的两个端点，这里的气候、环境十分恶劣，但这里也有着丰富的资源。极地对地球环境有重要的影响，所以人类不断地对这片土地进行探索。

南极

南极是指地球最南端的顶点附近的一片区域，它所在的南极洲是全球最冷的大陆。南极是一个被冰雪覆盖着的世界，是可爱的企鹅生存的家园，南极附近的海洋里则有着丰富的海洋生物和矿产资源。

南极企鹅

北极

北极是指地球最北端顶点及其附近的一片区域。和南极不同的是，北极地区有着大片的水域，正是因为这个原因,北极的温度比南极暖和一些，许多生物可以在这里生存，比如北极熊、海豹等。

北极小海豹

知识小笔记

《南极公约》规定，南极是属于全人类的。

极光

有时候在极地的上空会出现一些彩色的光，这就是极光，它是由太阳吹出的微粒撞击地球空气产生的。在北极的叫北极光,在南极的叫南极光。

北极熊

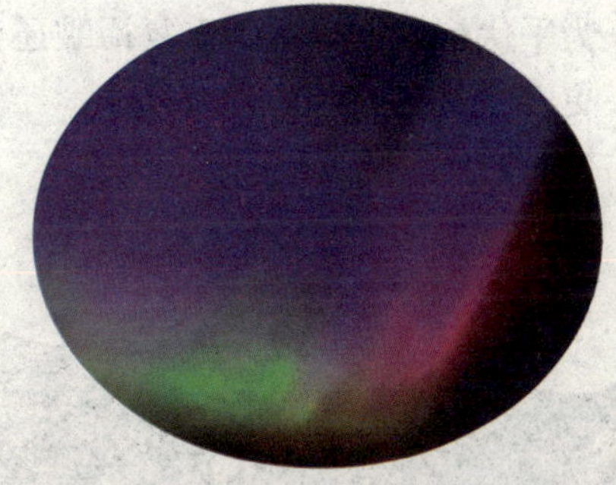

极光多半发生在离地面约 100 千米的热层，一般呈带状、弧状、幕状或放射状，闪烁着绿、红、橙红等颜色的光芒，非常壮观。

极昼和极夜

极昼和极夜是极地特有的自然现象。极昼时，太阳整天不下山；极夜时，一整天全是黑夜。南极和北极的极昼和极夜的出现是相反的，南极出现极昼的时候，北极是极夜，反之也一样。

No.010 大地的姿态——褶皱和断层

褶皱和断层都是常见的地质构造。岩石之间因为受到挤压而形成的弯曲变形就是褶皱；地壳岩层因为受到过大的力挤压而发生破裂，并沿破裂面有明显相对移动的构造就是断层。

褶皱类型

因为岩层所受的力不同，所产生的弯曲变形也不同，因此褶皱的形态变化多端。一个褶皱会从单斜褶皱变为不对称褶皱，然后再变成倒转褶皱，最后变为平伏褶皱；一系列重复褶皱还会产生更多平等的褶皱，叫做等斜褶皱。

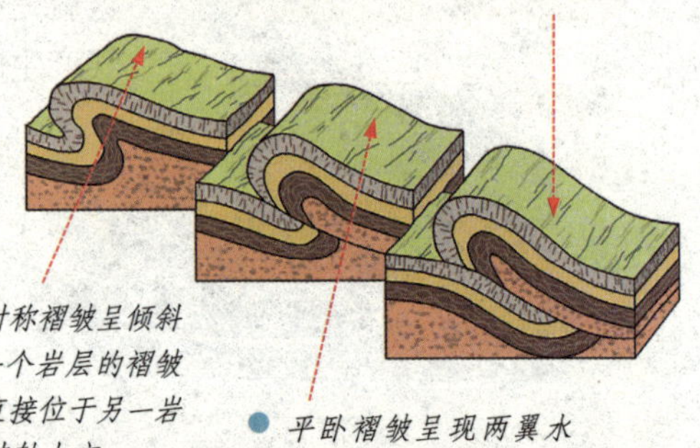

在持续的压力下，褶皱演变为冲断层。它既可以看做褶皱，也可以看做断层。

不对称褶皱呈倾斜形态，一个岩层的褶皱轴并不直接位于另一岩层的褶皱轴上方。

平卧褶皱呈现两翼水平倾斜的形态

喜马拉雅山脉是一座褶皱山

褶皱产生的山脉

世界上许多山脉都是板块挤压产生的，它们叫做褶皱山，喜马拉雅山就是其中一个。因为印度板块和亚欧板块互相推挤，喜马拉雅山就处在两大板块交界处，因此成为褶皱山。

断层的类型

断层有三种类型：平移断层、正断层和逆断层。平移断层又叫横断层或走向断层，它是断层沿着断层面按水平方向的左右移动；正断层又叫倾向滑动断层，它是指沿着断面的倾斜角顺势下滑移动的断层；逆断层是岩块上滑高出另一岩块的断层，跟正断层相对。

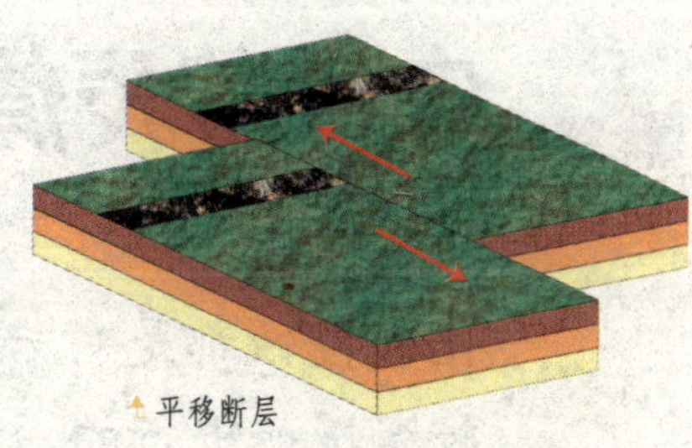
平移断层

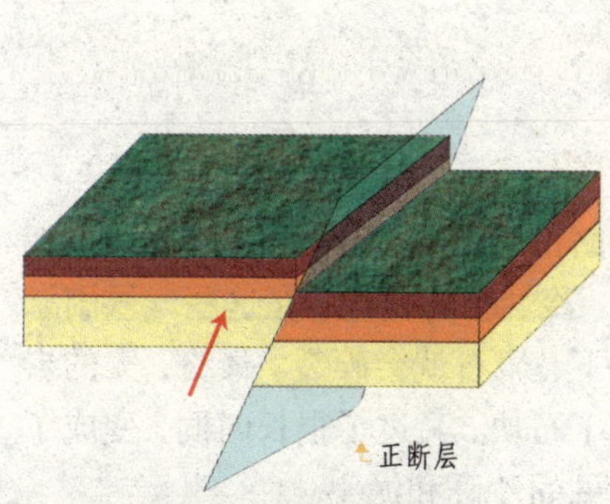
正断层

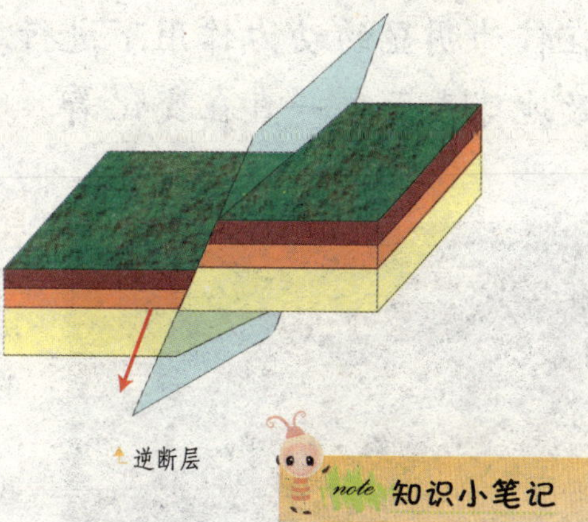
逆断层

知识小笔记

圣安德烈斯断层是目前世界上发现的最大的断层。

圣安德烈斯断层

断层的特点

断层的大小不一，小的不足 1 米，大到数百、上千千米。无论断层的大小，它们的共同点都是破坏了岩层的连续性和完整性，在断层带上的岩石往往破碎，易被风化侵蚀；沿断层线常常形成沟谷，有时出现泉或湖泊。

自然的表情——风化和侵蚀

No.011

风化和侵蚀都是对岩石的破坏作用。风化是在静态下比较缓慢地进行的，短时间内不易被人们觉察，而侵蚀是在较为明显的动力作用下进行。两种作用时刻都在进行，导致地球表面也一直在变化着。

风化使岩石变得碎裂

风化

裸露的岩石由于各种气候条件，如风、雨、冷、暖的变化，在这些气候因素的侵蚀下，岩石就会碎裂。最终，大的岩石变成了石块，又过了很长时间，变成了我们常见的沙砾和泥土。

美国的布赖斯峡谷复杂的沟壑景象就是被水侵蚀而成的，沉积物和金属物使岩石变成了红色和橘色。

侵蚀

侵蚀作用是指各种外力对地表的破坏并掀起地表物质的作用过程，如河流侵蚀、风力侵蚀、冰川侵蚀、海浪侵蚀和溶蚀作用等。其中以河流、沟谷的侵蚀作用最为明显。

多样的地貌

风、雨、流水等长年累月侵蚀着山、高原，形成了多样的地貌。丘陵就是它们鬼斧神工的杰作，我国的桂林山水和云南石林都属于丘陵。

云南石林是典型的喀斯特地貌

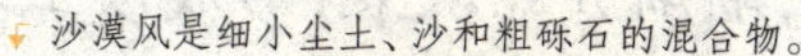

沙漠风是细小尘土、沙和粗砾石的混合物。

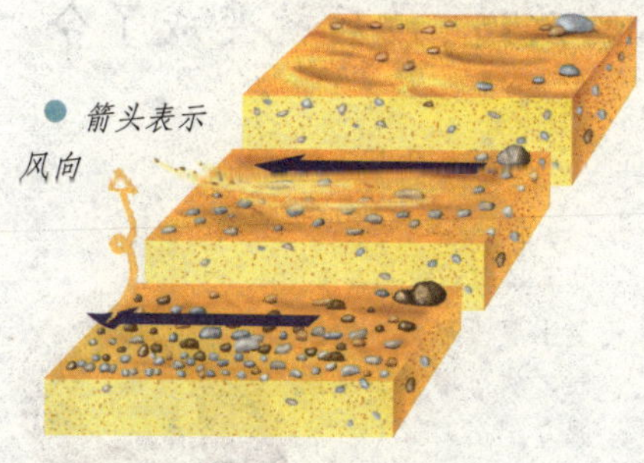

沙漠风

沙漠风是属于风力侵蚀，沙漠里没有可以充足地固定土壤的植被和水分，所以，夹带着沙粒的风很容易把松散的沙刮起来，一起卷到沙暴之中。受风沙撞击的岩石也会磨蚀成沙，从而更增强了风的侵蚀力。

雅丹地形

在中国的维吾尔语中“雅丹”是“陡壁的小丘”的意思，新疆孔雀河下游雅丹地区就是这种典型的风蚀地貌。夹沙气流磨蚀地面，使地面出现风蚀沟槽。磨蚀作用进一步发展，沟槽扩展成了风蚀洼地，洼地之间的地面相对高起，成为风蚀土墩。

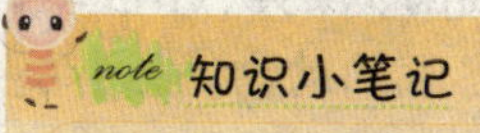

note 知识小笔记

蘑菇石的形成就是风化和侵蚀的共同结果。

雅丹地貌是指干燥地区的一种风蚀地貌

No.012 赖以生存的根基——土壤

地球上最初是没有土壤的，到处都是岩石。这些岩石经长期的风吹日晒，水气侵蚀，渐渐开始破裂，形成沙土。后来随着地质结构的变动和生物体的改造，最后就变成了今天的土壤。

土壤的成分

土壤由固体颗粒、土壤溶液和土壤空气三部分组成。固体颗粒构成了有大小孔隙的土壤结构，土壤水分占据土壤的中、小孔隙，土壤空气则占据土壤中的大孔隙。

土壤中的固体大颗粒称为沙砾，中等粒径的颗粒称为粉粒，细小颗粒称为黏粒。

蚯蚓能疏松土壤，使土壤吸取更多的空气，从而增强土壤的肥力。

土壤里的生命

土壤里并不是只有沙砾和泥土，还含有许多种类的生物，像细菌、藻类、节肢动物和一些冬眠的动物。蚯蚓在土壤里发挥了重要功能，它的蠕动能让土壤吸取更多的空气，从而增强土壤的肥力。

土壤的层级

土壤的最下面是岩石，中间是各种物质的沉淀层，最上面就是我们常见的土壤。这种层级结构有利于提高土壤的肥力，从而更加适合植物的生长。

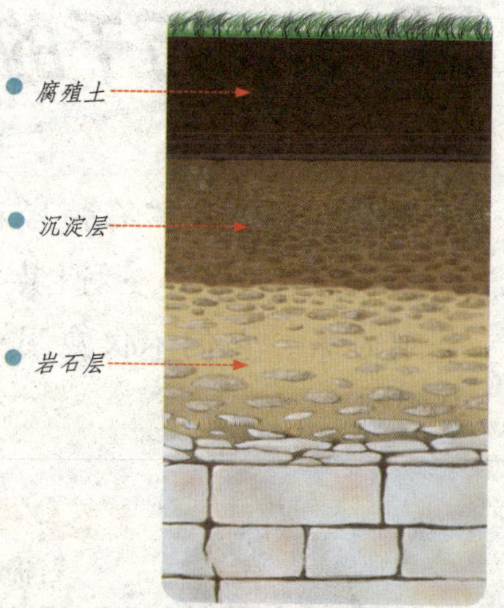

农药对土壤有一定的危害

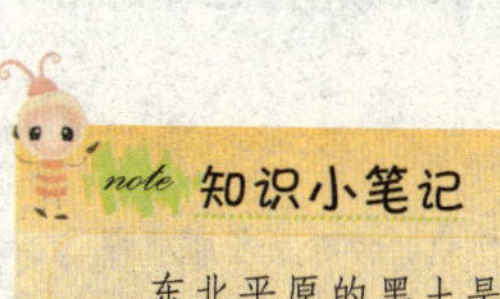

东北平原的黑土是我国最肥沃的土壤。

土壤污染

人类的生产活动致使一部分污染物进入土壤，积累到相当数量时就会引起土壤质量恶化。土壤的污染物主要来自工业和城市废水、固体废弃物、农药和化肥、牲畜排泄物、生物残体及大气沉降物等。

姿态万千的石头——矿物

No.013

矿物是组成矿石和岩石的基本单位。地球上已发现的矿物有3000多种,其中常见的有几十种,如滑石、石英、金刚石等。它们不仅应用于工业领域,在日常生活中也是随处可见。

石棉

石棉

石棉的外表看起来很像麻,表面带有丝绢一般的光泽,可以用来搓绳、织布。石棉在我们的生活中应用十分广泛,那些质纯、纤维长的石棉可以做防火、隔热的石棉布。

滑石非常软,是夏天人们常用的爽身粉的原料。

矿物的等级

矿物按照硬度可以分为10个等级。最软的矿物当属用来做滑石粉的滑石,它的硬度为1;石英的硬度为7,属于一般的等级;最硬的矿物是硬度为10的金刚石,它可以用来切割、琢磨其他矿石。

云母

云母

云母是指由多种特定元素组成的层状矿物，根据不同的组成元素，可以把云母分为黑云母、白云母、金云母和锂云母等。云母在工业和生活中也有很多用处，可以用于电子和电气工业上。

磷灰石

会发光的矿石

自然界中有不少会发光的矿物。磷灰石含有磷，白天在阳光下暴晒，晚上就能释放能量，发出美丽的荧光或蓝色的火焰。闪锌矿、萤石和金刚石也具有一定的发光能力。

雄黄

形影不离的矿物

有一些矿物非常有趣，它们总是和另外一些固定的矿物同时出现，这就是矿物的共生。这些矿物大多是由相同的元素组成的，比如雄黄和雌黄都含有砷元素，它们就常常共生在一起，人们将它们比作“矿物鸳鸯”。

note 知识小笔记

汞就是我们常说的水银，它是一种液体金属。

No.014

大地的舞台——高原

高原是一大片高出海平面很多，但又不像山峰那样连绵起伏的平地，是地球上最基本的地貌之一。高原的海拔高，气压低，氧气含量少，所以在气候、环境等方面都比平原要恶劣。

巴西高原位于南美洲东部

最大的高原

巴西高原是世界上最大的高原，它的面积有 500 多万平方千米，几乎是我国所有领土（包括领海）面积的一半。因为巴西高原本身面积广大，所以看起来十分平缓，没有落差巨大的地方。

德干高原

位于印度半岛上的德干高原，占有印度半岛的大部分，是世界著名的大高原之一。德干高原的地势西高东低，平均海拔 600 ~ 800 米，在高原中算是比较低的。

一望无际的德干高原

帕米尔高原

帕米尔高原位于中亚东南部、中国的西端，地跨塔吉克斯坦、中国和阿富汗三国。“帕米尔”是塔吉克语“世界屋脊”的意思。帕米尔高原海拔 4 000 ~ 7 700 米，是世界上海拔最高的高原之一。

帕米尔高原苍茫雄浑的景致

知识小笔记

中国的四大高原是青藏高原、内蒙古高原、黄土高原和云贵高原。

世界最高的高原

位于中国西南部的青藏高原，面积为 230 万平方千米，平均海拔高度在 4 000 米以上，有“世界屋脊”之称，是中国第一大高原，也是世界最高的高原。

青藏高原

No.015

平坦宽阔的陆地——平原

平原是陆地上地表面积广阔、地势最平坦的区域，海拔一般在200米以下。它以较小的起伏区别于丘陵，以较小的高度来区别于高原。平原的地理特征为人类的工农业生产带来了便利，所以也是人类最主要的居住地。

知识小笔记

我国的三大平原是东北平原、华北平原和长江中下游平原。

平原的类型

因为地质运动的原因，平原在地球表面上占的面积并不多，只占了大约1/4，这些平原大多分布在大江、大河旁边。根据平原的形成原因，可以分为构造平原、侵蚀平原和堆积平原。

河流的泥沙停留下来

河流渐渐漫开呈扇形

泥沙淤积形成了平原

东欧平原

东欧平原也叫做俄罗斯平原，它北起北冰洋，南到黑海、里海之滨，东起乌拉尔山脉，西达波罗的海，地跨俄罗斯、拉脱维亚、爱沙尼亚、立陶宛等国，面积约 400 万平方千米，是世界最大的平原之一。

辽阔的东欧平原

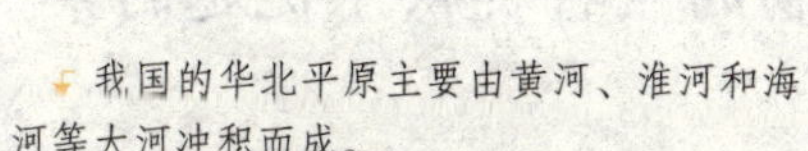

我国的华北平原主要由黄河、淮河和海河等大河冲积而成。

中国最大的平原

位于大小兴安岭和长白山之间的东北平原，由北部的松嫩平原、南部的辽河平原以及东北部的三江平原三部分构成，面积约 35 万平方千米，是中国面积最大的平原。

三江平原位于黑龙江、松花江、乌苏里江三江汇流处，是由于长期的构造下陷和三江的泥沙堆积而形成的低洼平坦的平原。

No.016 原始的丛林——热带雨林

在地球赤道附近，分布着几片广袤葱郁的丛林，由于地处热带，称为热带雨林。这里终年高温多雨，丰富的热量、季节分配均匀、充足的水分为生物的生存提供了优越的条件，所以热带雨林的物种非常丰富。

热带雨林的分布

热带雨林主要分布在中、南美洲的亚马孙河流域，非洲刚果盆地，南亚等地区。我国的云南、海南以及澳大利亚局部地区也有分布。

热带雨林植被丰富，是众多野生动物栖息的乐园。

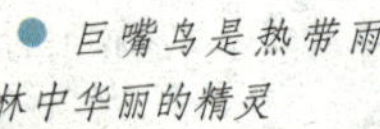

巨嘴鸟是热带雨林中华丽的精灵

生物乐园

在迷人的热带雨林里，参天的大树、缠绕的藤萝、繁茂的花草交织在一起，就像一座座绿色的迷宫。漂亮的巨嘴鸟是丛林中最美丽的风景，诡异的眼镜蛇缠绕在树枝上准备伏击猎物。

水泽之地——沼泽

No.017

沼泽是长期处于过湿状态、土壤水分几乎饱和、有泥炭堆积，生长着喜湿和喜水性植物的地方。由于泥炭的吸水性很强，所以沼泽土壤往往缺氧而且养分不足。沼泽大部分集中在亚、欧、北美三大洲的寒湿地区。

沼泽的形成

沼泽的形成得益于温湿或冷湿的气候。地势平坦或低洼、排水不畅的地方，因为江、河、湖、海的边缘或浅水部分淤塞而变成沼泽；林区或高山草甸、冻土带地下水不断聚集也可以形成沼泽。

泥炭

泥炭是沼泽的重要特征之一，是煤最原始的状态，由泥炭苔和泥炭藓构成。此外，死去的植物和动物、昆虫的尸体也是泥炭形成的来源。

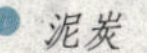

泥炭

知识小笔记

全球沼泽面积约270万平方千米，约占陆地面积的0.8％。

地球之肺——森林

世界上的森林总面积约占陆地面积的 30%。森林对气候环境、水土保持及生态平衡的维持都有很重要的作用，也是防止沙漠化和制止水土流失的有效帮手。所以森林被称为“地球之肺”。

知识小笔记

每公顷森林每年能吸附 50 ~ 80 吨粉尘，不愧为地球的“环保卫士”。

以森林为家

人类的祖先最初就生活在森林里，他们靠采集野果、捕捉鸟兽为食，用树叶、兽皮做衣服，在树枝上架巢做屋。据统计，当今世界上仍有约 3 亿人以森林为家，靠森林谋生。

阔叶林

阔叶树是一类具有扁平、宽阔叶片的木本植物，大多生活在热带和亚热带地区。大部分树木都是阔叶树，如桂树、栎树、楠木等都属于阔叶树。由阔叶树组成的森林，叫阔叶林。

针叶林

针叶树是一种生长在寒带地区的树木，特点是具有细长如针状的叶子，这能减少水分的消耗。针叶树包括冷杉、云杉、落叶松等。许多针叶树形成的大片森林，叫针叶林。

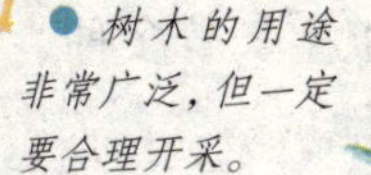

树木的用途非常广泛，但一定要合理开采。

高大挺立的巨杉

用途广泛的木材

木材的用途很广泛，造房子、做家具、修桥梁、造纸等都会用到木材。适量砍伐木材可以使森林完成更新的过程，帮助幼树的生长，但是滥砍滥伐就会毁坏森林和地球环境。

景观开阔之地——草原

草原是地球上最主要的生态环境之一，这里养育着多种多样的生物，是干旱和半干旱地区不可多得的栖息地。世界上各大洲都有草原，亚洲、欧洲、美洲的温带地区相对比较集中。

草原的类型

草原按照生物学和生态特点分为草甸草原、平草原、荒漠草原和高寒草原四类。其中高寒草原上生长着多种优良牧草和药用植物，是重要的畜牧业基地。

知识小笔记

我国的草原主要分布在新疆、内蒙古及东北地区。

潘帕斯大草原

潘帕斯大草原位于南美洲南部，阿根廷的中、东部。“潘帕斯”源于印第安语，意思是“没有树木的大草原”。虽然这里的气候很适合树木生长，但这里基本上是个没有树木的草原。

非洲的热带草原

非洲的热带草原年平均气温都在 20℃以上。每年有一半的时间是湿季，一半时间是干季，湿季和干季交替出现。湿季多雨，植物生长繁茂；干季干旱，树木落叶，草木枯黄。

热带草原景观开阔，植物丰富，为这里的大型动物提供了丰富的食物。

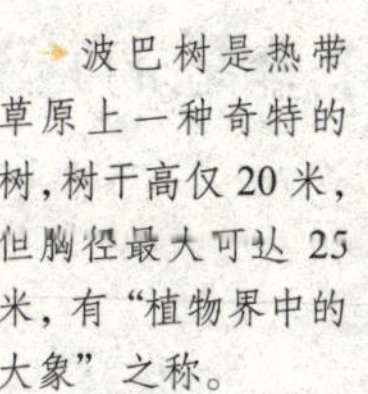

波巴树是热带草原上一种奇特的树，树干高仅 20 米，但胸径最大可达 25 米，有“植物界中的大象”之称。

蒙古包是蒙古民族的传统住房，是牧民们流动的家。

呼伦贝尔草原

内蒙古的呼伦贝尔草原是中国最大的草原，也是世界最著名的三大草原之一。在中国，它是目前保存最完好的草原。这里水草丰美，生长着 120 多种营养丰富的牧草，有“牧草王国”之称，这些牧草还大量出口到日本等国家。

呼伦贝尔草原上的牛羊如珍珠般撒落在绿毯上

No.020 造化之功——盆地

我们将四周是山地或高原，中间较低成盆状的地貌称作盆地。盆地往往物产丰富，水土资源优越，有利于农业的发展。但是由于盆地的地貌特征，也使这里的空气对流受到一定限制。

盆地分类

盆地按形成原因分为两种，由地壳的运动造成的盆地称为构造盆地，由冰川、流水等水体或空气的侵蚀作用形成的盆地叫做侵蚀盆地，一般来说，构造盆地要比侵蚀盆地大一些。

内流盆地

“中非宝石”

刚果盆地是一个构造盆地，位于非洲中部，是世界上最大的盆地，面积约为337万平方千米。刚果盆地矿产丰富，水资源充沛，因此被称为“中非宝石”。

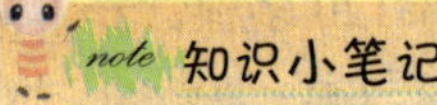

知识小笔记

澳大利亚盆地，面积约177万平方千米，是世界上最大的自流盆地。

外流盆地

山间盆地

四川盆地

四川盆地位于中国的大西南，是我国四大盆地之一，平均海拔200～750米，面积为16.5万平方千米。四川盆地四周被耸立的群山紧紧环抱，天然密闭，滚滚长江从盆地的南部横穿而过，形成了独特的湿热型盆地气候。

四川盆地是一块"聚宝盆"，这里蕴藏着丰富的矿产资源及旅游资源。举世闻名的乐山大佛、"震旦第一"的峨眉山，都在这里。

塔里木盆地

塔里木盆地四周被高山封闭得严严实实，气候极端干旱，盆地外围是由碎石组成的戈壁滩。

塔里木在维吾尔语中的意思是"无缰之马"，位于新疆维吾尔自治区南部，界于天山、昆仑山、阿尔金山与帕米尔高原之间。它的总面积约53万平方千米，是中国也是世界上最大的内陆盆地。

吐鲁番盆地有"火州"之称，日平均气温超过35℃的天数达100天以上，极端最高气温曾达49.6℃，地表温度曾达到83.3℃，是中国最热的地方。

中国最低的盆地

吐鲁番盆地是中国陆地最低的地方，总面积约5万平方千米。其中，低于海平面的面积就有4 050平方千米，是世界上仅次于约旦死海的世界第二低地。

No.021

独特的地貌——丘陵

丘陵海拔一般为 200 ~ 500 米，由连绵不断、坡度较缓的低矮山丘组合而成，是山地向平原过渡的中间阶段。丘陵一般没有明显的脉络，顶部浑圆，是山地久经侵蚀的产物。

丘陵的形成

有的丘陵是山脉长期风化而形成的，有的丘陵是山坡的滑动和下沉而形成的，风、冰川、植被等造成的堆积、河流的侵蚀以及火山、地震等也是形成丘陵的原因。

知识小笔记

中国是个多丘陵的国家，丘陵的总面积约有 100 多万平方千米。

江南丘陵

江南丘陵包括长江以南、南岭以北、武夷山和天目山等山脉以西、雪峰山以东的山和丘陵。江南丘陵的地域涵盖了江西省、湖南省大部分、安徽省南部、江苏省西南部和浙江省西部边境。著名的黄山就属于江南丘陵。

位于我国安徽省的黄山是江南丘陵的组成部分，素有“天下第一山”之美誉。

人们因地制宜，在丘陵上修建了梯田，这样就可以留住水分，使农作物正常生长。

桂林山水

著名的旅游胜地桂林就属于丘陵地形，这里的山虽然不高，但是数量却不少。桂林山水以其“山清、水秀、洞奇”而闻名于世，使它享有“桂林山水甲天下”的美称。

桂林山水是典型的丘陵地貌

大自然的杰作——溶岩洞穴

洞穴跟高山、平原等一样，是陆地表面的基本地形。早期的原始人类在不会建造房屋之前，就是以洞穴为居住地的。在今天，洞穴更是旅游观光的好地方。

溶洞

溶洞是一种天然的地下洞穴。在漫长的岁月里，由含有二氧化碳气体的地下水逐渐对石灰岩进行溶解而形成溶洞。溶洞在形成过程中不断扩大，并且相互连通，从而形成了大规模的地下世界。

当水中溶入二氧化碳后，会形成一种弱酸；含弱酸的水流过石灰岩，会将石灰岩溶蚀成地上的石林和地下的岩洞，形成一种特殊的岩溶地貌。

石钟乳

地下岩洞的洞顶有很多裂隙，水从裂隙中不断往下渗，水分蒸发后，石灰质沉淀下来，就渐渐长成了钟状的石钟乳。石钟乳的生长速度十分缓慢，大约几百年才能长 1 厘米。

note 知识小笔记

中国云南的石林是著名的溶洞景观，是大自然鬼斧神工的杰作。

天然音乐厅

南斯拉夫的波斯托依那岩洞是闻名于世的石灰岩洞。这个岩洞的特别之处在于只要敲击一下那里的石柱，顶上就会发出声响，接着，一连串的回声响彻大厅，犹如一个天然的音乐厅。

神奇的波斯托依那岩洞

古巴丁马溶洞中有一个高 63 米、底宽 134 米的石笋，是世界最大的石笋。

石笋

岩洞最顶端的水滴落下来时，里面所含的石灰质在地面上一点点沉积起来，犹如一根根冒出地面的竹笋。由于石笋比较牢固，所以它的生长速度比石钟乳快，有时能形成 30 多米高的石塔。

荒凉的禁区——沙漠

沙漠在人类的心中一直是荒凉而神秘的地方。因为长期的降水缺乏和日晒风化，在地表形成了一层很厚的细沙，逐渐成为沙漠。沙漠里常年干旱，所以动物、植物都很稀少。

沙漠绿洲

每当夏季来临，融化的雪水就会流入沙漠的低谷，渗进沙漠深处。这些地下水流到沙漠的低洼地带，就会涌出地面形成湖泊，为植物的生长提供充足的水源，长出一片生机勃勃的绿洲。

撒哈拉沙漠中的绿洲

撒哈拉大沙漠

白撒哈拉沙漠位于非洲北部，在阿特拉斯山脉和地中海以南，西起大西洋海岸，东到红海之滨，横贯非洲大陆北部，面积达900多万平方千米，是世界第一大沙漠。

纵向沙丘

沙丘

在风的作用下，沙漠里会堆积起一座座小沙山，这就是沙丘。沙丘会因风向不同而呈现不同形状，如果风向保持不变，就会形成平行沙丘；如果风从好几个方向吹来，就会形成星星状的沙丘；而通常情况下，沙丘像一轮弯月。

黑色沙漠

中亚地区的卡拉库姆沙漠，位于里海东岸的土库曼斯坦。由于这个沙漠是由黑色岩石风化而成的，所以这里到处一片棕黑色，无边无际，阴阴沉沉的，人称“黑色沙漠”。

卡拉库姆沙漠的沙呈黑色

note 知识小笔记

塔克拉玛干大沙漠是中国最大的沙漠，也是世界第二大沙漠。

沙漠里的仙人掌

仙人掌能在干旱的沙漠顽强地生存，有它独到的条件。为减少水分的散失，它将叶子演化成短短的小刺，而根茎也变成肥厚含水的形状，以此来适应沙漠缺水的环境。

No.024

宝贵的能源——石油与天然气

石油是从地下深处开采的可燃黏稠液体，一般是黑色或棕黑色，是一种不可再生资源。天然气是古代生物的尸体长期沉积地下，经过转化以及变质而产生的具有可燃性的气体，常伴随石油开采而出现。

共生能源

石油矿藏往往和其他能源矿藏共处一室，其中比较多的就是天然气。因此，地质人员在寻找石油的时候，如果发现了天然气矿藏，就可以在附近寻找，从而找到石油。

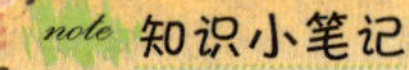

知识小笔记

早在秦汉时代，我国就发现并利用天然气了。

海上石油钻井

通常汽车所使用的汽油是从石油里提炼、分离出来的。

石油的用途

人们利用石油可以加工出5 000多种重要的有机合成原料，如涤纶、尼纶、腈纶等合成纤维。合成橡胶、洗衣粉、糖精、人造皮革、化肥、炸药等都是由石油产品加工而成的。

天然气的特性

天然气的主要成分是甲烷，它比空气轻，是无色、无味、无毒的气体。但是为了安全，天然气公司在其中添加了臭剂，使用户能及时发现气体的泄漏。

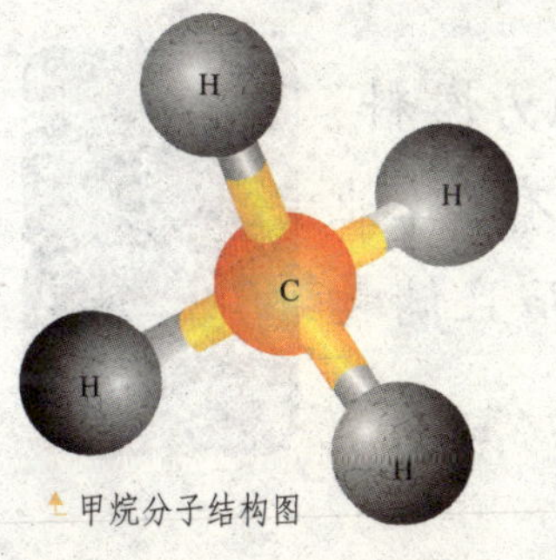

甲烷分子结构图

天然气管道

天然气是气体，不像石油那样可以用油轮运输。以前，人们曾用这种方法运输天然气：先给天然气降温，使天然气液化，然后装在特制的容器里。现在，利用管道就可以直接把天然气从产地输送到千家万户。

天然气壁炉

高效清洁型能源

天然气有污染小、热值高的特点，它燃烧后所产生的温室气体只有煤炭的 1/2，石油的 2/3，对环境造成的污染远远小于石油和煤炭。

天然气管道

奇特的矿石——煤

No.025

煤是一种用途很广泛的矿产，既是动力燃料，又是化工和制焦、炼铁的原料，素有“工业粮食”之称。煤是一种不可再生的能源，而且储量有限，所以要合理开发和使用。

煤的形成

煤是死亡的植物演变而来的。上亿年前生长的繁茂植物，在死亡以后被埋藏在地层中，经过高温、高压的化学和物理过程，使植物体中的化学成分分开了，分出的碳聚集在一起，最后形成了煤。

煤形成于约 3 亿 5 千万年前的石炭纪，是由石炭纪的沼泽、森林植物演化成的。

在煤形成前，先会形成一种纤维物质——泥炭。泥炭既可作燃料，又是促进植物生长的养料。

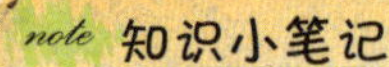

知识小笔记

我国最大的煤田是位于内蒙古与陕西交界地区的神府煤田。

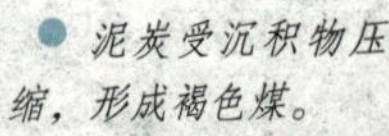

泥炭受沉积物压缩，形成褐色煤。

树木被压缩成结构致密的烟煤

最终形成无烟煤

煤焦油

煤焦油又称煤膏，是一种黑色或黑褐色的黏稠液体，它是煤炭在焦化过程中产生的。煤焦油含有上万种成分，其中很多有机物是生产塑料、染料、橡胶、耐高温材料等的重要原料。

煤焦油具有特殊的臭味，可以燃烧并且有腐蚀性。

18世纪，采煤是一项非常危险的工作。后来科学家戴维发明了一种"戴维安全灯"，一旦矿井内的瓦斯含量过高，此灯就会发出信号。

煤的开采

由于煤炭资源的埋藏深度不同，大体上有两种开采方法。对于埋藏较深的煤矿一般采用"矿井开采"，埋藏较浅的使用"露天开采"。

我国的煤炭开采地

我国大部分的煤矿集中在山西和陕西，这里也是重要的煤炭供应地区。我国采煤以矿井开采为主，如山西、山东、徐州及东北地区大多数采用这一开采方式。内蒙古霍林河煤矿是我国最大的露天矿区，这里采用露天开采的方式。

No.026 大自然的恩赐——再生能源

能量具有各种各样的形式，只要某种物质或运动能够释放出能量供我们使用，它就是能源。自然界有许多可以再生的能源，比如水能、核能和太阳能等。

在自然界中，风是一种可再生、无污染而且储量巨大的能源。风能的利用主要是以风能作动力和风力发电两种形式，其中以风力发电为主。

不同的能源

根据能源来源的不同可以分为四大类：一类是与太阳有关的能源，比如风力、水力、太阳能；一类是与地球内部有关的能源，比如地热；一类是与太阳、月亮引力有关的能源，如潮汐能；还有一类是核能，它是与原子核反应有关的能源。

潮汐能

太阳能

太阳能是为数不多的可持续、无污染的能源之一。太阳能给人类带来了光明和温暖，除了能直接利用太阳的光和热以外，还可以把太阳能转化为电能，作为动力来驱动汽车、飞机等交通工具。

太阳能汽车

知识小笔记

我国自行设计和建造的第一座核电站是秦山核电站。

地热能

地热是地球内部存在的一种巨大的热量，它会以温泉、火山爆发等形式释放出来。我们常见的地热能是温泉和间歇泉，此外，地热能还可以用来发电。

美国著名的“老忠实喷泉”是一个间歇泉

核能

核能是原子核裂变或聚变时释放出来的能量，所以也叫原子能。核能被广泛应用于工业、军事等领域。核能可以用来发电，还可以作为交通工具的动力，比如核潜艇和航空母舰。

No.027 时刻表——地球上的时间

地球上的时间不是一成不变的，也不是统一的。我们要说的时间准确地说，应该叫时刻。根据不同的纬度划分出了不同的时区，这就形成了具有地域特点的时间标准。

古代的记时

公元1300年以前，人类主要是利用天文现象和流动物质的连续运动来计时的，出现了日晷、沙漏和漏壶等计时工具。东汉时，张衡发明了最早的机械钟——漏水转浑天仪。

地方时

在地球上某个特定地点，根据太阳的具体位置所确定的时刻，称为“地方时”。地方时具有局域性特点，受当地所处地理位置限制，地方时只能在小范围地区使用。

日晷是古人利用日影测算时间的一种计时仪器

note 知识小笔记

北京的经度是116度21分，在本初子午线往东第八个时区内。

时区

地球自西向东自转，东边见到太阳总是比西边早，东边的时间也快于西边，这给时间的统一带来不方便。为了克服混乱，1884 年的国际经度会议上将全球划分为 24 个时区，每个时区横跨经度 15 度，时间正好是一小时，相邻的两个时区时间相差一个小时。

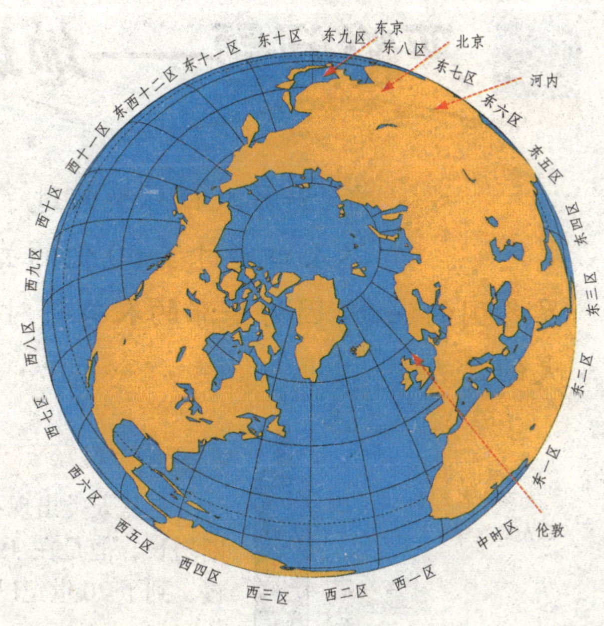

本初子午线

1884 年，世界天文学家在华盛顿召开了一次统一时间的国际会议，会议决定以经过格林尼治的经线为本初子午线，并以它作为计算地理的起点和世界标准“时区”的起点，后来这一天便定为国际标准时间日。

No.028

严峻问题——地球上的人口

1986年，世界人口总数超过了50亿，到了1999年，世界人口超过了60亿的关口。人口问题引起了世界各国的注意，因为暴涨的人口将对自然环境和社会造成很大的压力。

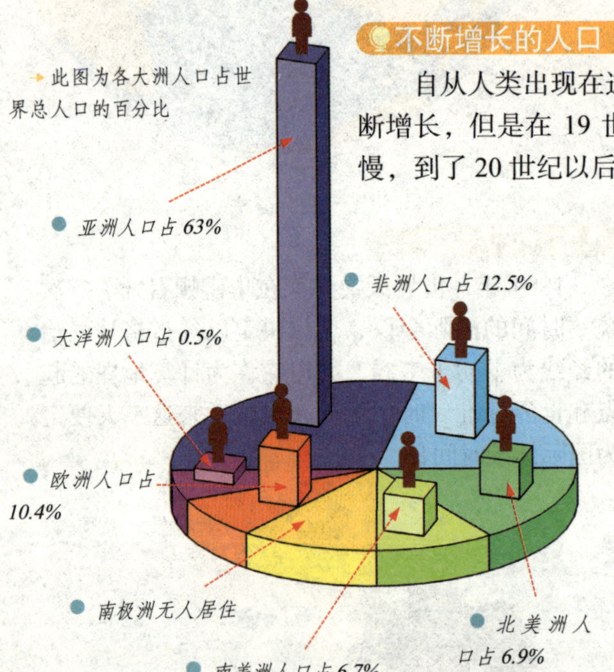

此图为各大洲人口占世界总人口的百分比

不断增长的人口

自从人类出现在这个星球上，人口数量就在不断增长，但是在19世纪以前人口数量增长十分缓慢，到了20世纪以后，世界人口开始飞速增长。

世界人口日

1987年7月11日，前南斯拉夫一个婴儿的降生，被联合国象征性地认定为是地球上第50亿个人，并宣布地球人口突破50亿大关。从1988年开始，联合国规定每年的7月11日为世界人口日。

人口最多的国家

中国一直是世界上人口数量最多的国家，截至2006年年末，中国人口已达13.14亿，居世界第一位。同时，中国还是世界上农村人口最多的国家，绝大部分人生活在农村。

知识小笔记

据2006年世界人口现状报告显示，世界人口已经突破65亿。

中国是世界上人口最多的国家，众多的人口为经济发展带来了沉重的压力。

人口最少的国家

梵蒂冈是位于意大利首都罗马西北高地上的国家，面积为0.44平方千米，是世界上最小的国家，这里的常住人口不到1 000名，堪称是世界人口最少的国家。

梵蒂冈的领土大致呈三角形，圣彼得广场、圣彼得大教堂、梵蒂冈宫和梵蒂冈博物馆是最为知名的建筑，其中圣彼得大教堂是梵蒂冈的标志性建筑物。

No.029

日出之地——亚洲

亚洲是亚细亚洲的简称，古希腊人称自己国家以东的地方为“亚细亚”，是“日出之地”或“东方”的意思。亚洲是古文明的发源地之一，四大文明古国中有3个是在亚洲。

广袤的亚洲

亚洲的面积约4 400万平方千米，是世界上面积最大的洲。它横跨东半球，从白令海峡一直延伸到地中海，周围被太平洋、印度洋和北冰洋包围。亚洲大陆地理环境多样，矿产资源也十分丰富，其中石油等资源的蕴藏量是世界上最多的。

缅甸的瑞光大金塔

西亚盛产石油

复杂的气候

亚洲大陆跨越热带、温带和寒带，主要气候类型为大陆性气候和季风气候，北部为寒带苔原气候和温带针叶林气候，靠近太平洋地带的是季风气候，最南边是亚热带森林气候。

东亚

东亚是指亚洲东部，包括中国、朝鲜、蒙古、韩国和日本等国，面积约 1 170 万平方千米。东亚地势西高东低，最高的地方在中国的青藏高原，这里也是世界上海拔最高的地方。

知识小笔记

亚洲是七大洲中面积最大、人口最多的一个洲。

朝鲜族民间舞蹈

南亚

南亚指亚洲南部地区，包括斯里兰卡、巴基斯坦、印度和尼泊尔等国，总面积大约为 437 万平方千米。南亚在喜马拉雅山南麓，气候类型复杂，有热带雨林气候、亚热带草原和沙漠气候。

印度的泰姬陵是世界七大建筑奇迹之一，它集中了印度、中东、波斯建筑艺术的特点，被认为是伊斯兰建筑的经典之作。

富饶美丽的大陆——欧洲

No.030

欧洲位于东半球西北部，面积约 1 016 万平方千米，是世界第六大洲。欧洲是资本主义经济发展最早的一个洲，整体经济水平比其他各大洲高出许多，在科学技术、文化艺术等领域也走在世界前列。

东欧

东欧是指欧洲东部地区，在地理上指爱沙尼亚、拉脱维亚、立陶宛、白俄罗斯、乌克兰、摩尔多瓦和俄罗斯的欧洲部分，这里的地形以海拔低的平原为主，气候复杂多变。

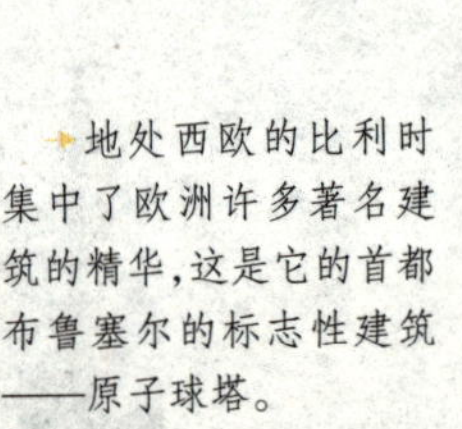

地处西欧的比利时集中了欧洲许多著名建筑的精华，这是它的首都布鲁塞尔的标志性建筑——原子球塔。

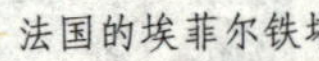

法国的埃菲尔铁塔

西欧

西欧指欧洲西部濒临大西洋的地区和附近岛屿，包括英国、爱尔兰、荷兰、比利时、卢森堡、法国和摩纳哥。这里濒临大西洋，气候属海洋性温带阔叶林气候，雨量丰沛、稳定，多雾。

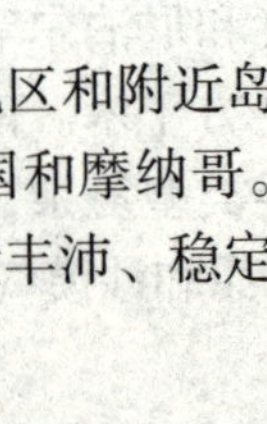

南欧

南欧是指欧洲的南部地区，这里包括阿尔卑斯山脉以南的巴尔干半岛、亚平宁半岛、伊比利亚半岛和附近岛屿。南欧南临地中海和黑海，西濒大西洋，因为地处大西洋—地中海—非洲板块交界处，因此多火山，地震频繁。

希腊沿地中海的白色建筑

知识小笔记

欧洲居民中的 99% 是白种人，是种族构成比较单一的洲。

挪威的木造建筑举世闻名，奥尔内斯木板教堂是世界文化遗产之一。

风车王国——荷兰

北欧

北欧指日德兰半岛、斯堪的纳维亚半岛一带地区，这个地区包括冰岛、丹麦、挪威、瑞典和芬兰，面积有 132 万多平方千米。北欧境内多高原、丘陵、湖泊，在第四纪冰川期这里全为冰川覆盖，所以遗留有许多冰川地形和峡湾海岸。

文明圣地——非洲

非洲全称是“阿非利加洲”，在希腊语中是“阳光灼热”的意思。非洲面积约 3 020 万平方千米，仅次于亚洲，是世界第二大洲。干旱的气候、增长过快的人口让这里常常面临干旱和饥荒的威胁。

炎热的大陆

非洲大陆大部分地区都在热带，因此这里的气候炎热，有一半以上的地区终年高温。尤其是非洲大陆北部的沙漠地带，这里的年平均气温是世界上最高的。

非洲草原上的雨季

非洲草原上的旱季

非洲的稀树草原是众多野生动物的家园

神秘的非洲内陆

古老的非洲大陆内部至今仍有大片未被人类探索的热带森林，在这里还存在着许多不为人知的物种和自然现象，许多热衷旅游和探险的爱好者都把非洲看成“心中的圣地”。

非洲的环境

非洲大陆被印度洋和大西洋包围着，北部和欧洲之间隔着地中海，东北部与亚洲被红海和苏伊士运河隔开。按照地理位置，非洲被分为北非、中非、西非、东非和南非。

note 知识小笔记

乞力马扎罗山是一个火山丘，海拔 5 895 米，有“非洲屋脊”之称。

文明古国埃及

埃及是世界四大文明古国之一，这里有许多古代文明的遗迹，如金字塔、神庙和古墓等。胡夫金字塔和狮身人面像堪称人类建筑史上的奇迹。

科学家用高科技还原出来的埃及王后的容貌

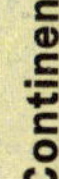

No.032

文明富庶的大陆——美洲

美洲是亚美利加洲的简称，它包括两个部分：南美洲和北美洲，主要国家有美国、加拿大、墨西哥等。这里土地辽阔、矿产资源丰富，工业、金融贸易等方面都非常发达，是最富饶的大洲之一。

美洲的发现

16世纪时，哥伦布在寻找通往东方的新航道的时候发现了美洲大陆，但是他坚持认为他所发现的是亚洲。后来另外一位探险家亚美利加·维斯普奇经过探索，发现这是一片新大陆，于是这个大陆就被命名为亚美利加洲。

北美洲的火山

不稳定的板块

北美洲大陆被扩张的大西洋板块推挤，又去撞击太平洋板块。因此，在北美洲西部经常发生火山和地震，这一地带也是环太平洋火山地震带的一部分。

南美洲

南美洲位于西半球的南部，整个大陆东至布朗库角，南至弗罗厄德角，西至帕里尼亚斯角，北至加伊纳斯角，与北美洲以巴拿马运河为界，面积大约有 1 791 万平方千米。

巴西的咖啡种植园

巴西位于南美洲，是南美洲面积最大的国家，巴西盛产热带经济作物——咖啡。

知识小笔记

美国是世界上最发达的资本主义国家，联合国的总部就设在美国的纽约。

北美洲

北美洲位于西半球的北部，东接大西洋，西临太平洋，北濒北冰洋。北美洲平均海拔只有 700 米，地势最高的地方是阿拉斯加的麦金利山，它的海拔是 6 153 米。

美国自由女神像

美国旧金山金门大桥

美国位于北美洲中部偏南地区，其全称为美利坚合众国，是北美洲主要国家之一。

No.033

面积最小的大陆——大洋洲

大洋洲总面积为 897 万平方千米，是世界上面积最小、人口最少的一个洲。大洋洲岛屿众多，有新几内亚岛、新西兰南北二岛等一万多个岛屿。主要的国家有澳大利亚、新西兰等。

被海洋包围的大洲

大洋洲是世界上唯一一个孤立的大洲，它不仅远离其他大陆，而且自身也被太平洋划分成多个岛屿，并被太平洋和印度洋包裹起来。在历史上，大洋洲曾被当作是南方大陆。

新西兰

新西兰由北岛、南岛、斯图尔特岛及其附近一些小岛组成，面积约 27 万平方千米。这里是温带海洋性气候，四季温差不大，植物生长十分茂盛，森林覆盖率达 29%，畜牧业非常发达。

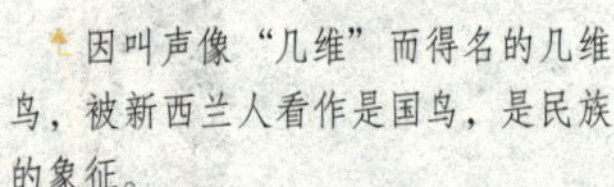

因叫声像“几维”而得名的几维鸟，被新西兰人看作是国鸟，是民族的象征。

黄色区域为大洋洲在世界上的位置

丰富的矿藏

大洋洲的矿藏十分丰富。其中，铝土矿的储量达到了 46.2 亿吨，据世界第二位；镍的储量大约为 4 600 万吨，居世界前列。

镍在地壳中含量很少，它主要是从海底的锰结核中提取出来的。

知识小笔记

悉尼歌剧院是世界七大奇迹之一。

澳大利亚

澳大利亚是大洋洲最大的国家，它是一个四面环海的巨大陆地，构成了大洋洲最主要的部分，成为世界上唯一独占一个大陆的国家。澳大利亚的国土包括澳洲大陆和许多大小岛屿，首都是堪培拉，最大的城市是悉尼。

悉尼歌剧院的外观就像是在风浪中鼓帆前进的巨型帆船，又像是漂浮在悉尼港湾海面上的洁白贝壳。

No.034

最寒冷的大洲——南极洲

南极洲是人类最后到达的大陆，位于地球最南端，总面积约1400万平方千米，约占世界陆地总面积的9.4%。这里气候恶劣，是世界上最干燥、最寒冷、风雪最多、风力最大的大洲。

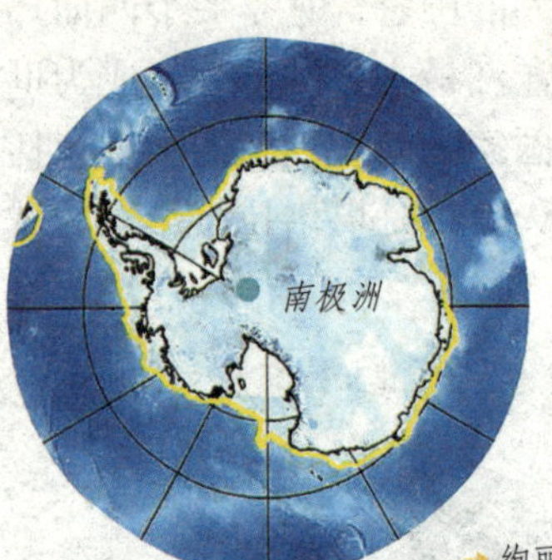

白色荒漠

南极洲年平均降水量为55毫米，大陆内部年降水量仅30毫米，极点附近几乎无降水，空气非常干燥，因此有“白色荒漠”之称。

绚丽迷人的南极光

南极的季节

南极洲每年分寒、暖两季，4～10月是寒季，11～3月是暖季。极点附近寒季会出现连续黑夜，南极圈常出现绚丽的极光；暖季则相反，太阳总是倾斜照射，会出现连续的白昼。

知识小笔记

唐胡安池是南极洲最有名的咸水湖，其湖水含盐度极高，每升湖水含盐量可达 270 多克，即使是在-70℃，湖水也不结冰。

南极的生命

南极洲植物稀少，仅有苔藓、藻类、地衣等；陆地边缘常见的动物有海豹、海狮和海豚；鸟类有企鹅、信天翁、海鸥、海燕等；海洋中盛产鲸类，有蓝鲸、鲱鲸和驼背鲸等，是世界上产鲸最多的地区。

中国人在极地

1985 年 2 月 20 日，一阵喧天的锣鼓声和鞭炮声突然在南极洲响起。接着，一面鲜艳的五星红旗在国歌声中升起在冰天雪地的南极上空，中国第一个南极科学考察站——长城站胜利建成了。

中国第一个南极科学考察站——长城站。

南极冰盖

南极大陆上覆盖着一层厚厚的冰盖，面积约 1 398 万平方千米，平均厚度 2 200 米，最厚处有 4 200 米。如果这些冰盖全部融化，全球洋面将升高 60 米。

企鹅、海豹和各种海鸟，是这个白色大陆的“居民”。

No.035

迫在眉睫的问题——生态环境

人类为了维持生存所需的衣、食、住、行等，必须从生活环境中索取一定的原料。人类的一些不合理的活动破坏了地球的面貌，造成了空气污染、水污染、土壤退化等，而这一切将会改变地球的未来。

草原植被的破坏，使得洪涝和干旱频繁发生。

全球性的污染

污染对于整个地球来说，是没有地域和国界限制的，因为地球上的大气、水等每时每刻都在循环交替。排入大气的污染物会随着降雨落入土壤中，而进入河流的污染会再进入大海，从而循环散布到地球的每个角落。

水土流失

在植被遭到破坏或耕作不合理的地方，往往会发生严重的水土流失。水土流失会使土地变得干旱、贫瘠，而进入河流的泥沙又会堵塞河道，抬高河床，从而引起洪灾。

1681年，最后一只渡渡鸟在地球上消失了，与之共生的大颅榄树也随之日渐稀少。

野生动物濒临灭绝

膨胀的人口需要越来越多的生存用地，为了获得足够的地方，人们向自然界不断地进军，大片森林被砍伐，广阔的草原被开垦，大批野生动物失去了生活的家园。

城市里的交通堵塞现象

交通拥挤

随着世界人口的增加，科学技术的不断发展，汽车等交通工具越来越多，排放出的尾气也不断增多，当这些污染性的气体累计达到空气不能自我净化的极限时，就会对人类的生存产生威胁。与此同时，拥挤的人群也给环境带来了很大的压力。

note 知识小笔记

联合国把每年的6月5日定为“世界环境日”。

森林面积缩小

人们不断毁林开荒，砍伐木材，世界森林面积正在迅速缩小。现在，每年大约有20万平方千米的森林从地球上消失。

No.036

大气层的伤口——臭氧层空洞

每个人都知道阳光带给我们温暖，多晒太阳对我们的身体也有好处。但是你是否知道阳光本身是伤害人体的，因为有了大气的存在，强烈的阳光被减弱了，使我们能够安全地在陆地上生活。

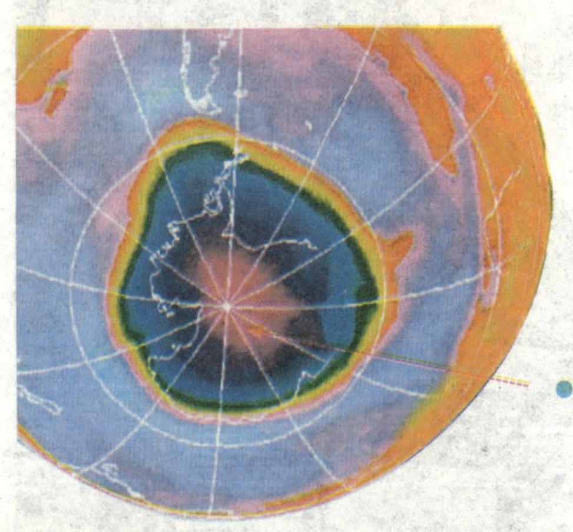
臭氧层出现了空洞

臭氧层

臭氧也是由氧元素组成的，但是它的味道使人稍微感到不愉快，所以被称为“臭氧”。在大气底部臭氧非常少，但是在我们头顶25～30千米的高空中存在着一个非常薄的臭氧层。

海边的阳光紫外线比较强烈，容易把身体烧伤。

紫外线

阳光中有一段看不见的光对我们的身体有很大的伤害，它就是紫外线。紫外线具有很强的穿透能力，如果生物长时间在紫外线下照射，表皮细胞就会被辐射，产生病变，严重时会威胁生命。

note 知识小笔记

联合国规定每年的9月16日为“国际保护臭氧层日”。

氟利昂

氟利昂是一种化学合成物质，它无色无味，对人体几乎没有任何危害。它的性质很稳定，不会燃烧，也不容易分解，所以经常被用于制冷设备上，比如冰箱、制冷机，等等。

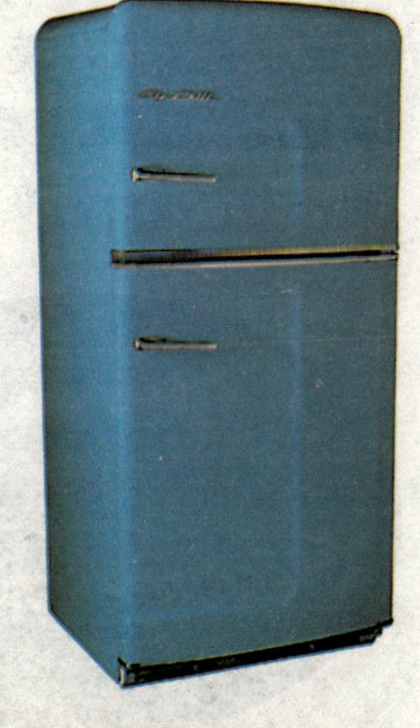

冰箱是使用氟利昂来制冷的，是向空气排放氟利昂的主要器具。

扩大的空洞

在过去近一个世纪的时间里，人们向大气中排放了上千万吨的氟利昂，使臭氧层遭到了破坏。自从发现南极上空存在臭氧层空洞以来，这个空洞的面积一直在增加，现在大约有2 500平方千米了。

臭氧层的空洞在不断地扩大

紫外线
氧气分子
氯原子夺去氧原子
臭氧分子
臭氧层
臭氧层被破坏
氯原子
氟原子
碳原子

臭氧层的重要性

臭氧层能把阳光中绝大部分的紫外线吸收掉，保护陆地上的生物，使它们不会受到紫外线的伤害。对地面上的生命来说，臭氧层就像一把看不见的保护伞一样，保护着地球生物。

No.037

生存环境的天敌——沙漠化

沙漠被称为“生命的禁区”，不仅是人类，几乎所有生命都无法在沙漠中长期生活。但是，因为人类的乱砍滥伐和过度放牧，这个禁区正在不断扩大，沙漠化已成为我们面临的一个严峻的问题。

草原上过度的放牧使植被遭到破坏，可能导致土地沙漠化。

过度放牧

一块草原在一个时期内只能供养数目有限的家畜，如果在草原上放养过多的牲畜，它们就会让草原上的植被不能正常生长，进而破坏草原的生态平衡。一旦植被被破坏，就有可能被沙漠侵吞。

楼兰古城

在我国西部沙漠中有一个古城叫做楼兰，在3 000多年前这里是一片植被茂密、水草丰美的地方。但是随着大陆性气候的增强，这里的气候变得越来越干燥，植被也越来越稀少，直到最后变成一片沙漠。

楼兰古城已被掩埋在沙漠中

重要的植被

对于一块土壤来说，植被非常重要。无论是草原，还是森林，都可以帮助土壤涵养水分，保持土壤的活力。如果植被被破坏了，土壤就很容易被沙漠侵吞。

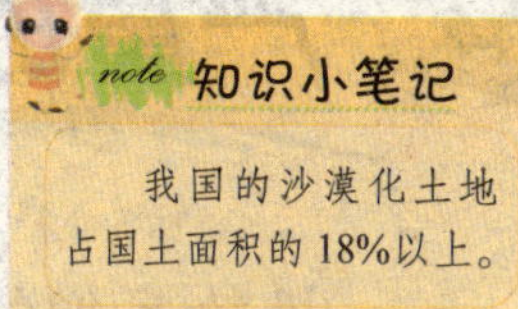

草原的保护已越来越引起人们的关注

沙漠入侵

沙漠可以借助风力向外入侵，在风的吹拂下，沙丘不断地向着风吹的方向移动。位于沙漠边缘的地区是最危险的，即使这里能够生长植被，也会逐渐被沙漠侵吞。

阻止沙漠化

目前人类还没有把沙漠改造成良田的成功经验，只能阻止沙漠面积扩大的速度。人们认识到要阻止土壤沙漠化，就要广泛地植树造林、种植草皮，这样就可以减少风速，减慢沙漠向土壤推移的速度。

防止土地沙漠化最好的办法就是植树造林

沙漠化的土壤

No.038

严重的危害——垃圾危害

垃圾给我们的生存环境造成很大的污染，还会破坏土壤、产生有毒的气体。但大部分垃圾在经过处理后，可以变成有用的资源。因此，如何利用和处理好垃圾成为一个重要的环保问题。

白色污染

废弃的塑料物品大部分是白色的，所以这种污染被称作“白色污染”。这些废弃的塑料不容易分解，如果混在土壤中，就会导致农作物产量减少；如果把它们烧掉就会产生有害气体，污染空气。

厨房垃圾

知识小笔记

空气污染、水污染、废物污染和噪声污染是当今世界的“四大污染”。

生活垃圾

生活垃圾一般可分为四大类：可回收垃圾、厨房垃圾、有害垃圾和其他垃圾。目前常用的垃圾处理方法主要有综合利用、卫生填埋、焚烧和堆肥。

垃圾污染的严重性

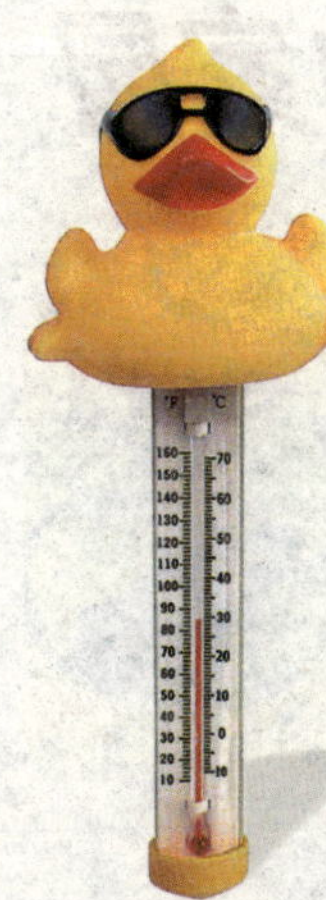

废水银温度计

有害垃圾包括废电池、废日光灯管、废水银温度计等，这些垃圾需要特殊的处理，否则对环境造成的后果难以估量。如果镉电池和汞电池落入水中释放出有毒物质，将会污染 600 立方米的水体。

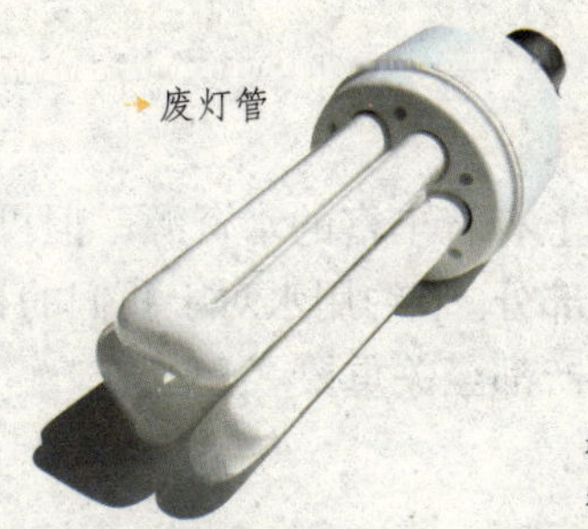

废灯管

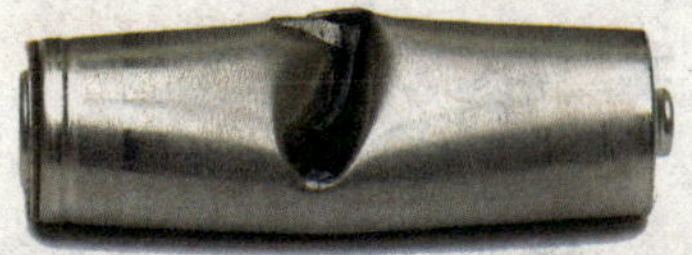

废弃电池中的汞在自然界会慢慢溢出，进入土壤或水源，再通过农作物进入人体，使人的健康受损。汞在微生物的作用下会转化成甲基汞，有可能聚集在鱼类的身体里，人食用了这种鱼会破坏神经系统，重者会致死。

废铝可以回收利用，制成新的铝制品。

循环利用

废弃的垃圾经过分拣后，有一些可以循环利用，节约资源。在美国，超过半数的旧铝皮易拉罐回收后，可以再制成其他铝质用品；英国的许多玻璃制品也是将旧酒瓶回收后重新制作的。

No.039

共同努力——保护可爱的家园

地球是人类共同的家园，我们只有一个地球。如今，越来越多的资源被破坏，我们的生存环境已经急剧恶化。所以保护环境，珍爱地球，是我们每个人都应该做的事情。

节约用水

尽管地球上有着丰富的水资源，但可供人类饮用的淡水只有很小的一部分。节约用水对于我们的日常生产与生活，以及工农业的生产都至关重要。

节约用水从点滴开始

变废为利

地球上的各种资源正面临着日益耗损殆尽的困境，因此人类在开发新能源的同时，还应该充分利用各种被遗弃的废物，做到变废为宝。许多看似无用的东西，其实还可以在别的地方发挥功用。

经处理后的煤炭废渣可以用来铺路

禁止使用DDT

DDT 是一种有毒的农药，它无色、无味，在自然环境中能存留很多年。虽然这种农药可以除虫，但是它很容易在动物体内存留，造成环境、食品的污染，对人类的健康造成很大的威胁。

农药给人类的健康造成很大的威胁

知识小笔记

每年的 4 月 22 日是“世界地球日”。

全球共同的协定

为了保护地球的环境，1992 年世界各国首脑在巴西举行了联合国环境与发展大会。大会在控制气体污染、保护濒危动植物的栖息地等方面达成了协议。

植树造林

森林对于保持水土、调节气候等都有重大的作用。森林的减少不但会导致气候恶化，还会对生态平衡造成严重破坏。植树造林可以缓解因森林减少带来的灾害，重现地球的绿色生机，所以它是改善环境的重要方法。

我们只有一个地球，请携手共同爱护自己的家园。

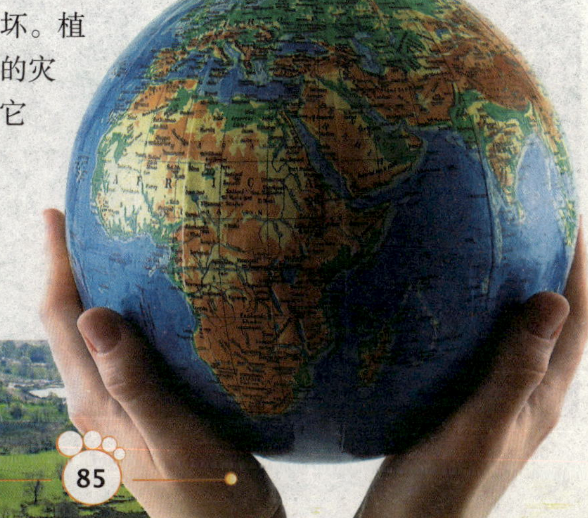

对于土地、水、空气、森林、矿物这类宝贵的自然资源，不宜过度使用，应当懂得珍惜。珍惜每一点自然资源都是对地球最好的保护。

天　气

我们周围的空气在不断地变化，于是就产生了天气。有时候天气很平静，有时候它又变幻无常。灰蒙蒙的天气让我们觉得心情很压抑，而晴朗的天气会让人觉得心情愉快。

看不见的外衣——地球的大气

No.040

地球的表面有一层浓厚的大气，就像地球披着一抹轻纱一样，显得非常美丽和迷人。我们人类就生活在大气层的最底层，虽然我们看不见、摸不着它，但是它却主宰着地球上的一切生命。

知识小笔记

大气的主要成分是氮，它占大气重量的78.09%。

大气的组成

大气是围绕整个地球的巨大的气体圈层，它是一种由空气和水汽及部分杂质组成的无色、无味的混合气体。大气的主要成分是氮气和氧气，还有含量少但作用却不小的二氧化碳和臭氧等。

对流层

对流层是地球大气中最底下的一层，同人类的关系最密切。虽然对流层只有 8 ~ 17 千米厚，但却集中了90%以上的水汽。由于这里的空气上下对流比较强烈，因此会形成风、雨、雷、电等大气现象。

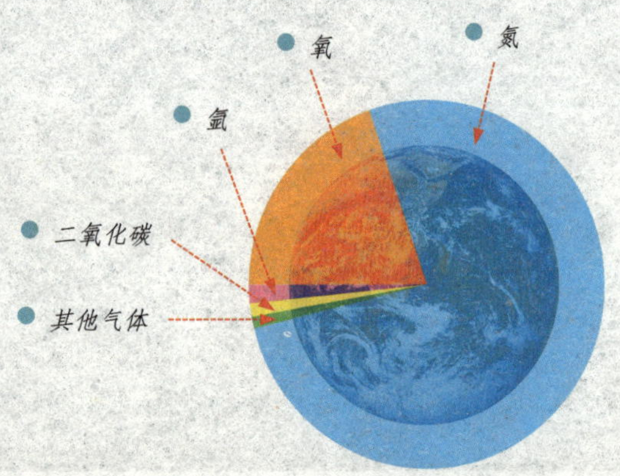

平流层

对流层以上是平流层。这里空气稀薄，总是风平浪静，晴空万里，十分适合高速喷气式客机的飞行。这里也是臭氧集中最多的地方。

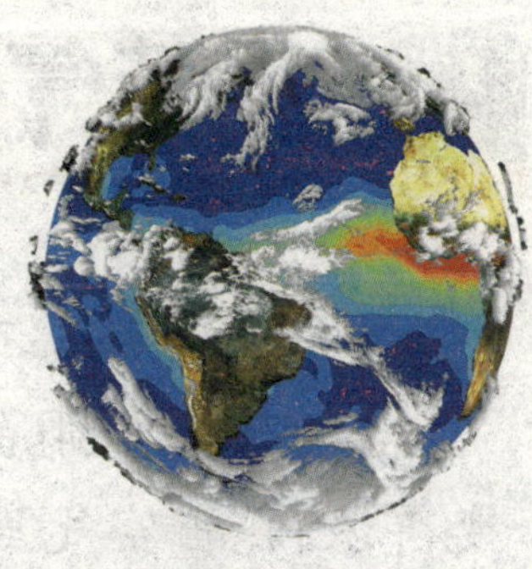

地球的大气就像是地球的一件透明的外衣。

中间层

离地面 50 ~ 85 千米的大气层叫中间层。中间层和它以上的空气分子，在太阳紫外线的辐射下会变成带电的离子，形成电离层，能反射地球上发出的无线电波。

暖层和散逸层

散逸层之下、中间层之上叫暖层，这里的气温非常高，因此叫暖层。在地球上黎明或黄昏时，人们看到闪烁的极光就是在这里产生的；暖层顶以上的大气叫散逸层，这里的大气特别稀薄，人造卫星就被放置在这一层。

水蒸气——含水的空气

No.041

我们知道海绵可以吸水，我们周围的空气也像海绵一样，不过它吸取的不是水，而是水蒸气，这些水蒸气使空气变得湿润。当空气里含有的水蒸气多时，空气就会很潮湿；当空气里含有的水蒸气少时，空气就会很干燥。

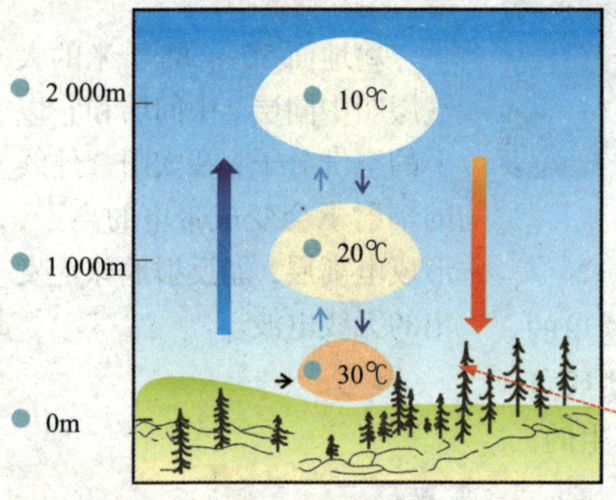

● 随着高度的增加温度越来越低

上升

当水蒸气进入空气以后，它们不会停留在地面附近，而是在周围空气的推动下向更高的地方上升，最后成为漂浮在空中的水蒸气。

● 湖泊的水蒸发到空气中

扩散

沙漠里没有水，可是这里的空气中也含有水分。这是因为水蒸气会在空气中扩散，这些水蒸气是从水源扩散而来的。当湖泊、河流或者海洋表面的水蒸发以后，这些水蒸气就会进入空气之中。

露珠

在夏天的早晨，我们会在草叶上发现露珠，这是因为晚上温度低，所以空气中的水蒸气都凝结在叶子上，形成露珠。露珠对农业生产是有益的，遇到缺雨干旱时，农作物的叶子有时白天被晒得蜷缩发干，但是夜间有露，叶子就又恢复了原状。

晶莹剔透的露珠

冬季，对着窗子吹一口热气，窗户上立刻就变得白蒙蒙的。

呼吸产生的蒸汽

在寒冷的时候，如果你呼出一口气，就会发现呼出的空气是白色的，这是因为它含有很多水分。当这些水分突然变冷的时候，就会变成非常小的水珠，形成白雾。

note 知识小笔记

靠近海边的城市的空气相对内地城市的空气湿度较大。

水分的蒸发需要能量，夏天太阳光强烈时，蒸发就比较快。

能量来源

水从液体变为气体是需要能量的，而这种能量则是来自太阳。太阳照射着大地，为地球送来很多能量，借助这些能量，水就进入了空气。

No.042 影响生活的主要因素——天气

天气是指某一地区在某一时段内大气的状态，如阴、晴、风、雨等都是天气现象。尽管天气现象千变万化，却都发生在离地球最近的对流层里，并且都与大气活动有密切的关系。

天气系统

大气在不断地变化，但是大气中的温度、气压和风是可以测量的，这些因素成为衡量天气的要素，我们把这称为天气系统。

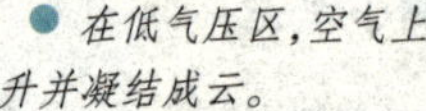

在低气压区，空气上升并凝结成云。

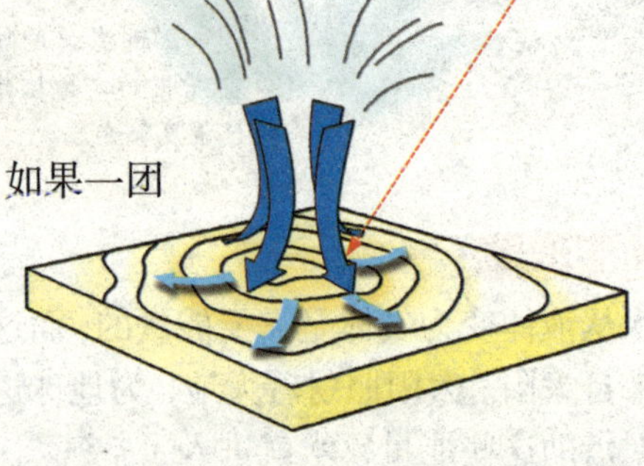

在高压区，空气向地面下沉并扩散，同时吸收水分，通常会出现晴天。

气压与天气

世界各地气压或多或少都有差别。如果一团大气的气压高于四周区域，就叫作高压；大气中心气压低于四周区域的叫低压。为了保持平衡，高压和低压总是不停地移动，天气也随之发生变化。

气象卫星

气象卫星是一种人造地球卫星，它从高空对地球进行气象观测，为我们提供海洋、高原、沙漠等全球范围的气象观测资料。与太阳同步的气象卫星绕地球1周大约需要100分钟。

有一种气象飞机可以携载气象仪器进行专门的探测，向人类传达关于天气的讯息。

知识小笔记

掌握天气变化的规律，人们就可以准确地预报天气了。

气团

气团就是大块性质接近的空气团。气团在经过陆地或海洋上空时，往往会受到陆地或海洋的影响，变成暖气团或冷气团，干燥的气团或潮湿的气团。一些大型的气团覆盖的范围有时可达100万平方千米。

牵牛花会因为天气的阴晴而闭合或开放。如果牵牛花在早上全部盛开了，那就意味着是一个好天气。

动物晴雨表

许多动物对天气变化会迅速做出反应。比如，蜜蜂在晴天会争先恐后飞出蜂箱采蜜，阴雨天却迟迟不肯离开蜂箱；如果蚂蚁往高处“搬家”，说明不久就要下大雨了，如果它们往低处或者河边“搬家”，那就表明要大旱了。

因地而异的现象——气候

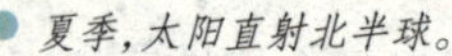

地球上的气候种类很多，一个地区的气候常常是多种条件综合作用的结果，不过这些多样的气候类型大体上遵循着从南到北、沿纬度圈排列、呈带状分布的规律。

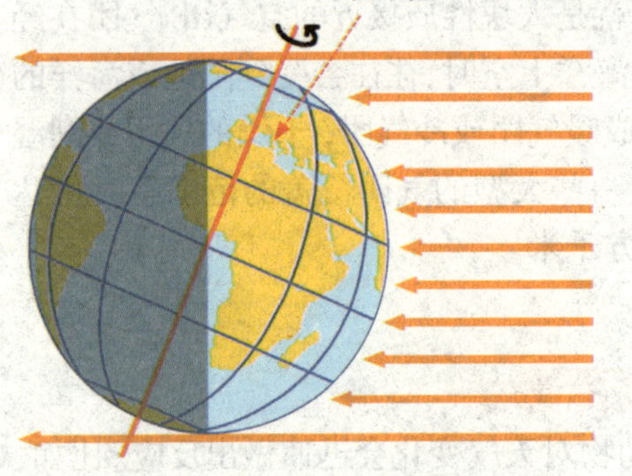

夏季，太阳直射北半球。

影响气候的因素

地理位置是影响气候的主要因素。距赤道远近决定了一个地区的气候，靠近赤道的地区气候炎热，远离赤道的地区气候寒冷。此外，距离海洋的远近和海拔高度也是影响气候的重要因素。

气候的由来

人类很早就有关于气候现象的记载。比如，中国在秦汉时期就有二十四节气、七十二候的完整记载。在西方，气候一词源自古希腊文，是倾斜的意思，指各地气候的冷暖同太阳光线的倾斜程度有关。

冬季，太阳斜射北半球。

周期变化的气候

气候和季节的联系非常紧密，不同季节的气候也不一样。和季节一样，气候也是循环变化的。比如在温带，冬天气候寒冷，到了夏天气候就变得炎热，下一个冬天时，气候又变得寒冷。

知识小笔记

我国冬季最冷的地方是黑龙江漠河镇，1 月份平均气温为–30.6℃；夏季最热的地方是新疆的吐鲁番，7 月份的平均气温为 33℃。

森林对气候有调节作用，人们过度砍伐森林会破坏大自然的生态平衡，从而影响气候。

人类活动与气候

人类的活动与气候关系密切，人类的生产生活会在一定的区域范围内改变气候状况。一般情况下，人类会使气候向着更糟糕的方向变化，这样的气候会对人类造成危害。

世界上温差最小的地方

基多是南美洲厄瓜多尔的首都，这里年平均气温 14℃，最冷月与最热月的平均温差只有 0.6℃，是世界上年温差最小的地方。

厄瓜多尔的赤道纪念碑

No.044

规律变化的区域——气候带

地球上因为太阳照射的不均匀，使气候随着地球纬度的变化而有规律地改变。在赤道附近地区，气候炎热，称为热带；紧挨着热带的是温带；接近极地地区的气候寒冷，称为寒带。

热带

热带是纬度最低的一个气候带，它在赤道附近，年平均气温很高，空气湿润。在热带，海洋面积十分广阔，这里也是全球雨水的主要来源地。

热带雨林位于赤道附近，这里潮湿温暖，植被丰富。

温带

北温带位于北纬 23°26'到北纬 66°34'之间，这里四季变化明显，主要是大陆性气候；南温带位于南纬 23°26'到南纬 66°34'之间，虽然海洋在南温带占有大片区域，但这里的气候总体来说比较干燥。

生活在南温带的袋鼠

北寒带

从北纬 66°34'一直到北极点，这个范围就是北寒带。北寒带的气候寒冷干燥，在靠近温带地区有植物分布，但在北极附近，几乎没有植物可以生存，因为那里的温度实在太低了，任何一滴淡水都会被冻结成冰。

生活在北寒带的北极熊

知识小笔记

在历史上，古希腊人最早提出了气候带的概念。

在温带阔叶林、针叶林和草原中，生活着许多动物，我国的大熊猫、金丝猴就是温带动物。

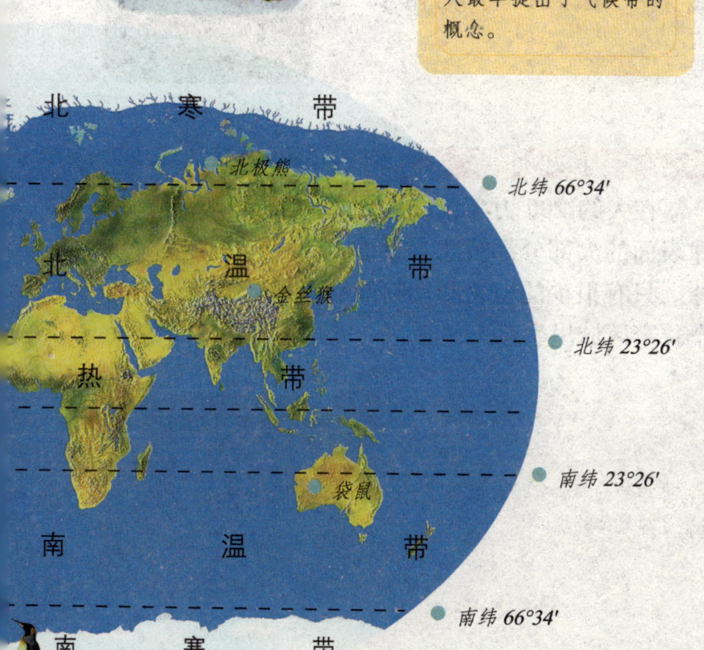

南寒带

南寒带位于南纬 66°34'和南极点之间。南极大陆位于南寒带腹地，它的周围都是海洋。南极大陆气温极低，只有一些寒带动物在南极大陆边缘生存，例如帝企鹅。

在热带草原上生活的斑马

No.045

环境影响——变化的气候

气候并不是固定不变的，在一些因素的影响下，气候也会改变。但是不像天气那样,气候的改变是需要很长时间的。比如,从一个雨水充沛的地区变成干旱地区，可能需要上千年的时间。

冬季的一场新雪，大地披上了厚厚的外衣。

冰雪覆盖的时期

在大约 200 万年前，地球上的气温非常低，地球表面的大部分都被冰雪覆盖，严寒包围着整个地球。只有很少的植物和动物能够在地球赤道附近这个狭窄区域里生存。

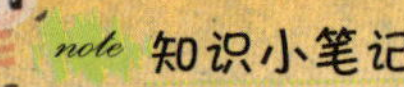

知识小笔记

温带草原的气温一直在降低，迫使很多动物都迁徙或消失了。

温暖的时期

大约在一万多年前，地球重新恢复正常，气温也迅速地增加。这个时候地球又成为一个适合生命生存的温暖星球，直到今天依旧如此。

多变的天气

和史前相比，地球气候从第四纪冰川以来变化得非常剧烈，在冰川时期结束后，地球的温度在升到一定高度以后，就开始持续地降低，而从 200 年前开始，地球的温度又开始升高。

洪水泛滥

洪水泛滥的时期

在大约 4 000 多年前，地球气候温暖、空气潮湿，因此经常暴发洪水，给当时的人类带来很多麻烦。许多古老的神话和传说都记载了史前的大洪水，而且一些证据也证明这些洪水的确发生过，这也是当时气候剧烈变化的一个证据。

沙漠的出现

撒哈拉沙漠本来是一个有大量的水和植被的地方，但是因为这里的气候越来越干旱，最后所有的植被都消失了，到现在只剩下了庞大的沙漠。但这里的地下水蕴藏量很丰富，足够全世界人类饮用 5 年。

撒哈拉沙漠

No.046

息息相关——气候和生物

天气的变化会使动物们采取一些行动，以躲避恶劣天气带来的灾难。每当气候转变的时候，我们就会看到许多动物开始迁徙，有的是为了躲避严寒，有一些则是为了追逐猎物，不管怎么样，气候对生物的影响非常大。

掉落的树叶

当秋天、冬天到来的时候，干燥的空气会从生物身上夺取水分，树叶就会脱落，吹过来的秋风也会使这些叶子脱落。

雨水充足时，树木长得茂盛。

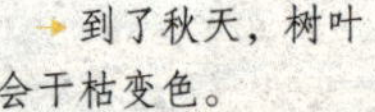

到了秋天，树叶会干枯变色。

多雨的森林

一个地区的降水量是由这里的气候决定的。在降雨量多的地方，经常可以看到大片的森林，这是因为充足的雨水可以使更多的植物生长起来。

南飞的鸟

每当秋冬季节，大雁就从老家西伯利亚一带，成群结队、浩浩荡荡地飞到我国南方过冬。南飞的大雁总是排成“人”字或“一”字形飞行，这与上升的气流有关，排成一列可以使它们利用气流保持队列的整齐，不至于掉队，而且也更省力。

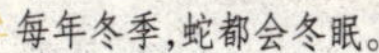
每年冬季，蛇都会冬眠。

知识小笔记

气温在18～22℃的情况下，人的心情会很舒畅，工作效率也最高。

海风中的鸟

当海上风暴来临之前，海燕等海鸟就会在高空中飞行，并不断地鸣叫，以预示风暴的来临，因此海边的人都把海燕当做是风暴的信使。

No.047

地球灾难——人对气候的影响

近200 年以来地球的温度一直在增加，这几乎全是人类造成的。因为人类排放的二氧化碳具有保温的作用，使地球的温度猛烈地升高，改变了地球的气候，也给人类自身带来了灾难。

两百年前的气候

在 200 年以前，地球上还没有大量的工厂，当时全球的气温正在持续降低，在欧洲一些地方的山顶上还存在大量的冰川和雪。不过，随着工业化的到来，这种气候逐渐被改变了。

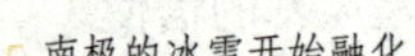

南极的冰雪开始融化

知识小笔记

1992 年 6 月，世界各国首脑共同签署了联合国《气候变化框架公约》。

变小的极地

全球温度不断升高对极地也产生了很大影响，极地的冰雪开始大量融化。因为极地是靠着大量的冰雪堆积起来的，融化的冰雪使极地的区域变小。

带来灾难

气温升高使许多雪山被雪覆盖的区域正在变得越来越小，给人类居住的大陆也带来了灾难，高温使一些地方更加干旱，而有的地方的降水量却增加了，不断地暴发洪水和泥石流等灾难。

洪水淹没了房屋、阻断交通。

泥石流

温度逐渐升高

随着工业文明的发展，大批工厂拔地而起。这些工厂不断向大气中排放二氧化碳，使空气中二氧化碳的数量越来越多。因为二氧化碳会阻止地球把阳光反射到太空中去，所以地球的温度开始逐步升高。

阻止地球变暖

现在人类已经知道了二氧化碳会使气温增加，所以国际组织呼吁人们，要减少空气中二氧化碳的排放量，使地球的气温不再增长。

工厂排放到空气中的二氧化碳气体使全球气温不断上升

四季在循环——不同的季节

我们知道地球上有不同的季节，每个季节的气候和天气也各不一样。春天的时候天气温暖，夏天天气炎热，秋天天气开始转冷，而冬天的天气非常寒冷。季节对天气有很大的影响，也影响着人们的日常生活。

循环的季节

因为我们的地球在太空中围绕太阳旋转，所以地球上的气候也是循环变化的。春天，太阳开始向北半球移动，气温也开始升高，天气变得越来越暖和；到了秋天，太阳开始向南移动，天气也开始变冷。

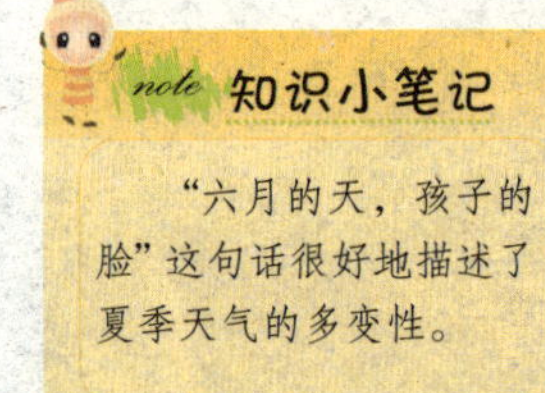

“六月的天，孩子的脸”这句话很好地描述了夏季天气的多变性。

寒冷和炎热

在冬天的时候，地球虽然离太阳近一些，但是我们北半球却是斜对着太阳，因此温度十分寒冷；而在夏天，北半球面向太阳，所以十分炎热。

每逢圣诞节来临，人们通常自己制作圣诞树。圣诞树多数是松树，人们把圣诞灯和彩色的装饰物挂在树上，并把一个天使或星星放在树的顶上。

北半球处于隆冬时节，而南半球正处于盛夏，从人们的衣服可见两个半球处于不同的季节。

梅雨季节

每年六月中旬到七月上旬前后，我国的东南部就会进入梅雨季节。这个季节的特点是：天空连日阴沉，降水连绵不断，时大时小，而气温也变得越来越热，空气越来越潮湿，持续时间特别长的梅雨还会造成洪水的泛滥。

炎热的圣诞节

当北半球的人们在白雪皑皑的冬天夜晚里欢快地庆祝圣诞节的时候，南半球的人们也在庆祝圣诞节，不过他们那里是夏天，人们是在炎炎夏日过圣诞节的。

No.049

如约而来——守时的季风

到了一定的时期，地球上一些地方就会刮起季风。季风和季节有很大的关系，也和区域的位置有关，并且它会对一个地区的气候产生很大的影响。因此，季风成为气候学家们研究的重要目标。

知识小笔记

季风在夏季由海洋吹向大陆，在冬季由大陆吹向海洋。

冷暖空气之间的较量

季风也是由于冷暖空气之间互相推挤造成的。相对于普通的风而言，季风持续的时间更长，这是因为冷暖空气之间的较量是发生在大陆冷空气团和海洋暖空气团之间的。

夏季季风

每当夏季到来的时候，气温开始升高，于是海洋上的暖空气的力量开始增加，并冲向大陆。这个时候我们就可以感觉到温暖的东南风，这就是夏季季风。

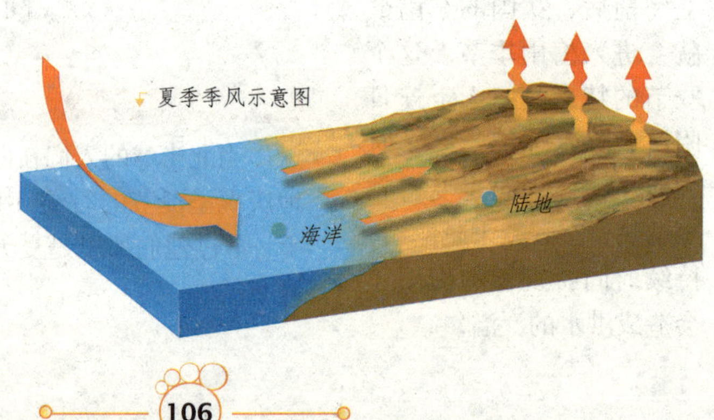

夏季季风示意图

冬季季风

当寒冷的冬季到来以后，冷空气团的力量增加了，于是它们就开始从遥远的北方向海洋流动，形成冬季季风，冬季季风使气温降低。

冬季季风示意图

季风显著的区域

西太平洋、南亚、东亚、非洲和澳大利亚北部，都是季风活动明显的地区，尤以印度季风和东亚季风最为显著。每到夏季，季风带来充沛的降雨，使植物能够充分生长；到了冬季，寒冷的季风使这里的温度明显地降低，植物也进入了冬眠时期。

印度和孟加拉国都属于热带季风国家，每年 80%的降水量都集中在 6~10 月间。

郑和画像

大洋上的季风

海洋上的季风对人类有很大的影响。在大航海的时代，船长们都是选择在合适的季风季节里启航，这样才能到达目的地。比如，明代郑和下西洋有 6 次是在东北季风季节出发，在西南季风期间归航的。

按照原型重新建造的郑和宝船

随季风变化——季风和洋流

No.050

在季风的吹拂下，海洋表面的水沿着固定的方向流动，形成洋流，洋流可以分为暖流和寒流。因为地球上大陆分布不一样，因此每个大洋上的洋流也不一样，有的洋流是从东向西流，有的却是从南向北流。

跟着季风走

洋流不仅能够调节温度，而且还可以使地球上各大洋之间的海水得到交换。虽然海洋深处的水很难产生大规模运动，但是海洋表面的水却可以运动。每当海洋上空的季风吹向大陆的时候，它们就会跟着季风一起流动。

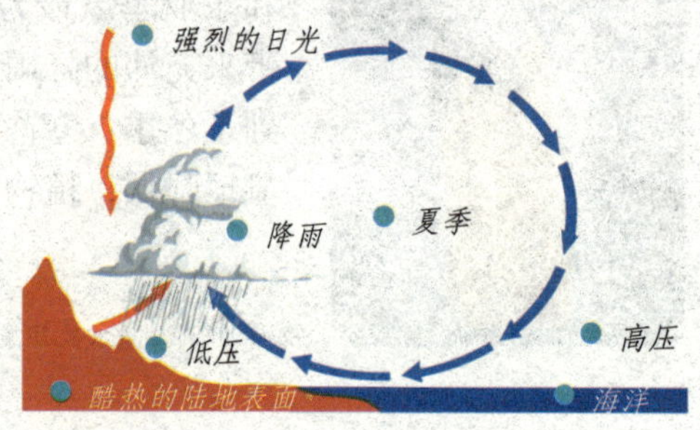

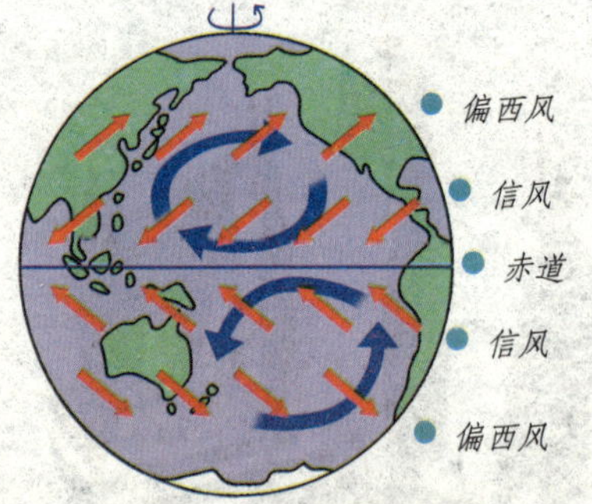

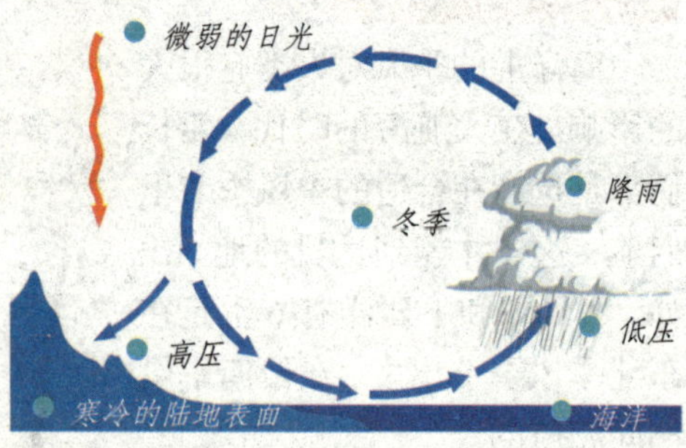

海水养殖

秘鲁寒流

在南美洲西岸的太平洋上，在西风的吹拂下，一股寒冷的洋流沿着固定的路线流动，这就是秘鲁寒流，它使秘鲁附近的海域成为世界上最著名的渔场。

知识小笔记

季风区最突出的气候特征就是雨热同期，这有利于农作物和森林的生长。

地中海洋流

地中海也会受到季风的影响而流动，不过地中海的海水密度比大西洋的高，因此两个水域会经过直布罗陀海峡交换海水。

不同季节的洋流

季节不一样，季风的方向当然也不一样，洋流也将随着季节的变化改变自己的方向。比如，在太平洋上，夏季洋流从西向东流，而在冬季则从东向西流。

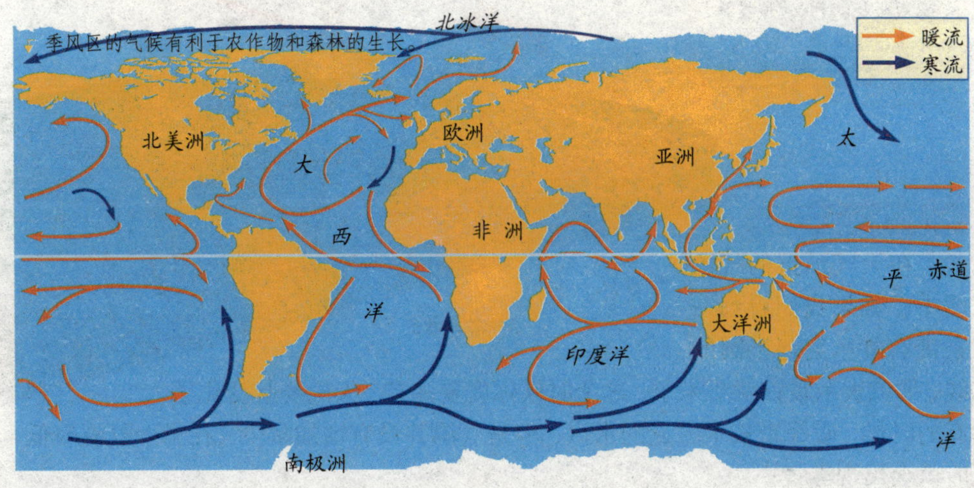

季风区的气候有利于农作物和森林的生长。

气温变化的征兆——暖锋

当气温开始转暖的时候，一大团被太阳晒得暖烘烘的潮湿空气会离开自己的老家，向着还被寒冷干燥的空气统治的地区前进。这时候，在暖湿空气团和冷空气接触的地方就会产生暖锋。

知识小笔记

我国的江淮流域和东北地区在春秋季节常出现暖锋，黄河流域在夏季多出现暖锋。

暖空气

锋面前方的冷空气下降

暖锋

降雨

寒冷的极地空气

暖锋来了

在天气预报的气象图中，如果我们看到一条带有红色突起半圆的线，那就表示暖锋就要来了，这个时候你就要注意，天气要起变化了。有的时候，暖锋带来了大量的水汽，但是气温并没有增加多少，在早上气温较低时就会出现雾气。

风传递的信息

当暖锋要来临的时候，它会派风给我们带来信息。随着暖锋的到来，风也变得越来越强烈，在海面上刮起风浪，或者把小树枝吹得左右摇摆。

暖锋来临前，风会带来信息。

来自天空的预告

当你在天空中看到一些类似羽毛的卷云，那就是暖锋要来临时的预告。不久，这些云就会变成像棉絮一样的高积云。

在春天出发

在暖锋的影响下，空气会比较潮湿，常产生层积云和积云。在春天，气温已经升高了，暖湿气团的到来会给经历了干燥冬季的地方带来降水，如果这里的气温还是比较低，那也可能会下雪。

稀少的春雨

暖锋虽然会带来一些降水，但是这时空气还是比较干燥。在春天，下雨的日子并不多见，所以说“春雨贵如油”。不过，此时天气温度不是很高，水分蒸发也比较慢，所以土壤不至于太缺水。

春雨滋润着大地

气温下降的因素——冷锋

No.052

到了晚秋季节，气温开始下降，这个时候干燥寒冷的冷空气团也开始从北极圈出发，向着南方吹来。冷空气团会形成一个锋面，这个锋面就是冷锋。冷锋的到来会使天气不断变冷，并为我们带来秋雨等天气。

冷锋的表示

在天气预报的气象图中，如果我们看到气象图上有一条带有蓝色三角的线，这就是冷锋的标志，有时候这也代表着一团冷空气的到来。

卷层云

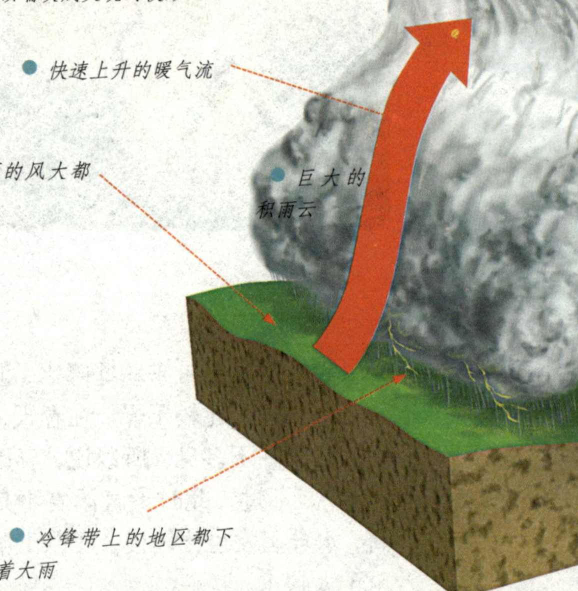

移动缓慢的冷锋

在冷锋到来之前，天空中会出现卷层云，这表示冷锋就要来了。冷锋在产生的初期移动得很缓慢，这样暖湿的空气就会被它挤到高空中，形成云，并会产生降水。

移动快的冷锋

等天气完全变冷以后，这时候冷锋看起来就像一个脾气暴躁的人。它以很快的速度冲过来，带来狂风和更低的温度。人们会一下子感觉到气温骤然下降了，很不适应，我们不得不穿上厚厚的衣服抵御突然到来的寒冷。

知识小笔记

冷锋的强度在冬季最强，夏季较弱。

冷锋来临，气温会下降，让人有些不适应。

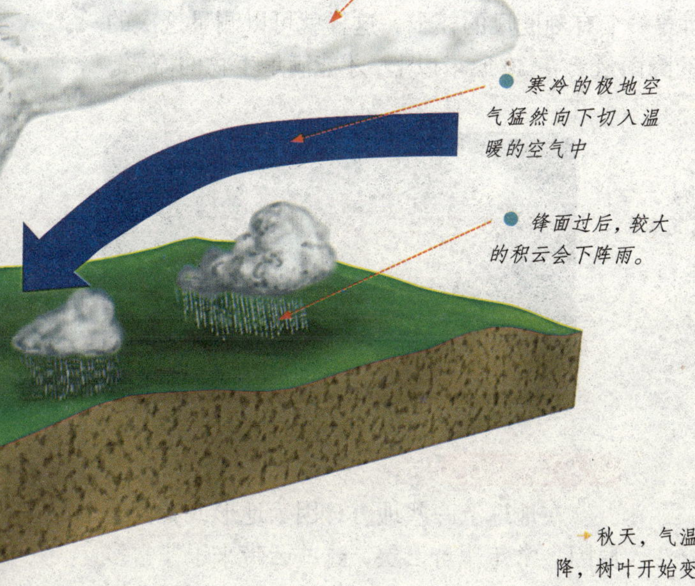

吹落叶子的秋风

秋天的冷锋到来时，强烈的风总是会出现。这些秋风吹过树林，把树叶从树枝上吹下来，树叶会不断地落到地面。几天工夫，强劲的秋风就会把树叶吹得光光的。

秋天，气温下降，树叶开始变黄掉落。

No.053

雨都——下雨多的地方

虽然在有人类居住的地方都会下雨，但是每个地方每年的降雨量是不一样的。有的地方的降雨量很多，由此被人们称为雨都，这些地方大多集中在气团交界区域，无论是在海边，还是在大陆内部，它们每年都被大量的雨冲刷着。

降雨量

下雨的时候，你可以在外面放一个有刻度尺的杯子，这样就可以测量这次的降雨量。对一个地方来说，每年的降雨量要在30厘米以上，才能满足生物的需要。

大雨来临之前，天空总是被黑压压的乌云笼罩着。

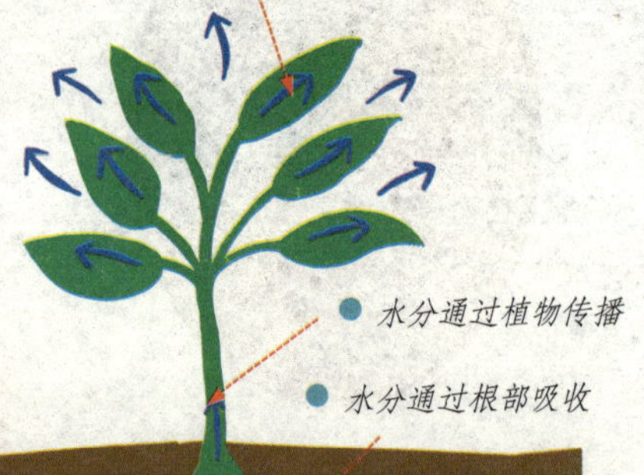

不散的云

在地球上一些地方，因为地形或者其他原因，常年飘着云层，这些云带来了非常多的降雨，甚至可以把这个地方变为沼泽地。

雨水充沛的季节

降雨最多的季节

“雨季”是指每年降水比较集中的湿润多雨季节。我国是一个季风气候明显的国家，春末和秋天是降雨量最多的季节，一年中大部分的雨都是在这个时候降下的，其降水量约占全年总量的70%。

知识小笔记

热带雨林的降雨量充沛，所以植物生长得非常茂盛。

亚洲大陆的多雨之地

在亚洲大陆上，孟加拉国是一个降雨量非常多的国家，有人开玩笑说这里一年当中有半年是在水上漂着。孟加拉国大部分地区属亚热带季风气候，年降雨量达1 300 ~ 2 500毫米，6 ~ 10月是雨季，雨量占全年的80%。

多雨的英国

英国是一个靠近欧洲大陆的岛国，因为处于大西洋边缘，这里的雨很多。伦敦一年四季几乎都在下雨，并常有大雾天气，因此伦敦也被称为“雾都”。

英国伦敦塔桥笼罩在一片白雾之中

No.054

太阳在微笑——晴朗的天气

在晴朗的日子里，我们会看到天空的颜色在变化。随着太阳在天空中位置的变化，天空中也会出现不同的色彩，从早晨的青色，变为中午的蓝色，再到晚上的火红色……晴朗的天气会给我们带来愉快的心情。

稳定的空气

在晴朗天气的日子里，空气运动得比较平稳，没有猛烈的大风和乌云。当一个地方被稳定的空气控制了以后，晴朗的日子就会变得多起来。

明媚的天空偶有和风吹来，让人觉得非常舒服。

早晨

在一个晴朗的早晨，如果你起得比太阳还要早，就会发现东方的天空慢慢地从黑色变成青色，逐渐地变亮了。当太阳出来的时候，它附近的区域也可能会变成红色，不过在天亮以后，天空就变成了蓝色。

晴朗的天气空气清新，天空蔚蓝。

中午

到了中午，太阳升到了最高的位置，这个时候天空的颜色是迷人的深蓝色。实际上，阳光中包含各种色彩，但是空气喜欢散射蓝色的光，所以天空看起来是蓝色的。中午的空气最清新，在太阳照射下，地面空气受热上升，将污染物一起带向高空上方。

晚上

当黄昏到来的时候，太阳靠近地平线，这个时候天空的颜色开始向红色转变。在太阳下山的时候，整个西天都被阳光染成红色，这也是晴朗天气的象征。

美丽的晚霞

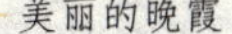

中午的空气最清新，在太阳照射下，地面空气受热上升，将污染物一起带向高空上方。

晚霞

在日落的时候，如果太阳附近漂浮着一些卷云，这些云就会被大气折射过来的红色光照得通亮，成为美丽的晚霞。晚霞大多是偏向于红色的，较高的云也可能会成为青色晚霞。

note 知识小笔记

空气可以使阳光分散和改变传播方向，我们才看到了天空中不同的色彩。

No.055

高处不胜寒——山峰的气候

热带是一个气候炎热潮湿的地区，绝大部分热带地区不会出现自然产生的冰和雪。但是在高耸的山顶上，一切都与地面不同。山顶有着自己独特的气候，这种小气候环境不仅吸引着科学家，而且还吸引着众多的旅行者。

不一样的温度

如果你爬过山的话，那么就会有这样一种感觉：山顶的温度要比山脚的温度低。因为气温会影响气候，使山顶的气候和山脚下的气候变得不一样。

赤道上的雪山

位于非洲的乞力马扎罗山是一座海拔近 6 000 米的山峰，以“赤道雪山”闻名于世。峰顶的气温在 0℃以下，所以这里的水都结成了冰，而且峰顶还经常下雪，把整个山顶都包裹起来。

乞力马扎罗山以“赤道雪山”而闻名于世，远在 200 千米以外就可以看到它覆盖着积雪的山顶。

干旱的山腰

在一座高山的山腰上，我们常会发现一处十分干旱的区域。因为山腰的温度低，空气干燥，降水也很少，所以这里是干旱的气候。

山上盛开的野花

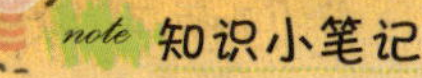

山脚的气候

在热带区域，山脚的温度和其他地方几乎一样，这里可能植被茂密，也可能很荒凉。当山顶的冰川融化后，流下的雪水会浇灌这里的植物，使生物可以生存。

知识小笔记

乞力马扎罗山坐落于南纬 3°，距离赤道仅 300 多千米。

温度和高度

人们很早就发现随着高度的增加，气温就会慢慢地降低。对于一座高山来说，这种情况更加明显。随着山峰高度的增加，空气变得越来越稀薄，气温也在降低。所以从山脚到山顶，我们会经历不同的气候。

1 500~2 100 米，称为中山层，那里是树脂性森林生长的好地方。

2 100~3 000 米称为高山层

900~1 500 米称为低山层，那里有草地、庄稼、村庄和森林。

3 000 米以上称为雪山层，那里终年积雪，非常寒冷。

900 米以下的地方称为丘陵层，那里除了有一些山丘，其他地貌和平原差不多。

千姿百态——云

云和风有着非常密切的关系。在太阳的照射下，含有大量水分的空气从水面升到高空之中，我们也可以说是风把这些空气带到了空中，使它们最终变成漂浮在高空的朵朵白云。

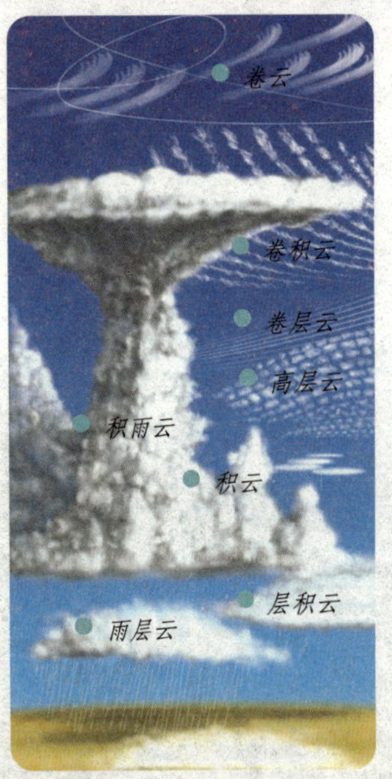

看云测天气

气象学家根据云的高度或外形，把云做了详细的分类，比如卷云、层云和积雨云，这些云的变化都是有规律的。通过对比不同的云，就可以对未来的天气进行预测，所以气象工作者常常通过观察云来预测天气。

千姿百态的云

云没有固定的形状，它的形状是随时变化的，所以说云是千姿百态的一点也不为过。洁白、光亮、一丝一缕的云叫“卷云”；有的云弥漫天空，均匀笼罩着大地，看不见边缘，这样的云叫“层云”；一堆堆、一团团拼缀而成并向上发展的叫“积云”。

被云层笼罩的山谷

运动的云

云是由轻飘飘的小水滴组成的，所以当风吹动的时候，云就会移动。从卫星照片上，我们可以更清楚地看到云移动。

知识小笔记

天空中的云并不是空气团，它其实是一大团水。

积雨云

有时候我们会看到一种好像山峰一样高耸的云，这种云叫做积雨云，它会给我们带来强烈的降雨。有的积雨云非常高，甚至比最高的山峰——珠穆朗玛峰还要高。

卷层云呈乳白色薄纱状，由小冰晶组成，它会使太阳及月亮四周出现被称为“月晕”“日晕”的明亮光环。

高积云常成群、成行或成波浪状排列，在朝阳映照下，它们会呈现出橙红色的云彩。

层积云能形成广阔的灰色云层，从飞机上往下看，层积云就像一片波动的云海。

积雨云几乎都会形成降水

积雨云颜色较深，是大雨来临的信号。

No.057

流动的空气——风

风是大量空气在向着一个方向流动的时候产生的一种自然现象。风可以作为动力使用，很早以前人们就开始利用风力来做很多事情，如推动船只航行、用风车磨面以及风力发电等。

风级

风的大小对人们的生活影响很大，为了测量风的大小，人们把风力分为0～12级，这就是风级。低级的风对于我们的生活没有太大的影响，但风力超过6级以上，就会对人们的生产生活造成很大的影响。

在顺风时，帆船只需张开帆就能在风力的推动下快速前进。

利用风能发电

风力发电

风力发电具有成本低、无污染、取之不尽等特点，所以许多地方都建起了风力发电站。但这种无公害的能源也存在缺点，那就是风力不稳定，风力和风向时常改变，能量无法集中。

风车

风车是古代留传下来的一种既实用又有效率的重要工具。在几千年以前，中国、埃及和波斯都曾经使用过风车，它可以帮助人们做一些繁重的农活，如脱谷、磨面和灌溉等。

风车在我国古代农业发展中起着非常重要的作用

帆船

帆船是依靠风力来行驶的，帆板在前进时根据风向，需要不断调整帆的角度。因此，操纵帆船的人必须要掌握各种技巧，才能乘风破浪。如今，帆船已经发展成为集娱乐性、观赏性、探险性、竞技性于一体的项目。

风的来源

当相邻或接近的两个地方分别产生低压和高压气团的时候，空气就会从低压流向高压气团，这个时候在两个地区之间就会产生风，风的方向和你所在的两气团之间的位置有关。

note 知识小笔记

飓风、龙卷风都会给人们的生活造成很大的影响。

No.058

可怕的巨人——飓风

出现在大西洋和北太平洋东部地区强大而深厚的热带气旋被称为飓风，在西北太平洋和我国南海则被称为“台风”。飓风最大的风速可达32.7米/秒，风力达12级以上。

飓风的出生地

靠近赤道的热带海洋是飓风唯一的出生地。在这里有充足的阳光，空气中含有充足的水分，当热带海面上形成巨大的低压区的时候，周围的冷空气就会补充进去，形成飓风。

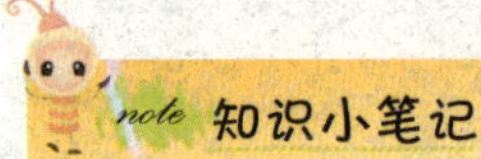

知识小笔记

飓风无法在陆地上出现，只能在海上生成，然后登上陆地。

飓风常伴随强风、暴雨，是一种严重的自然灾害。

降雨和灾难

如果飓风把水分带到干旱的草原或者荒漠里，那么它会为这里带来充足的雨水；但是飓风更喜欢把雨水抛洒在那些并不需要很多雨的地方，给那里造成很大的危害，严重威胁人们的生命安全，对于民生、农业、经济等造成极大的影响。

旋转的飓风

因为地球在自转，所以飓风在形成的时候就开始旋转了。飓风在北半球和南半球的旋转方向正好相反，在北半球飓风呈逆时针方向旋转；而在南半球则呈顺时针方向旋转。

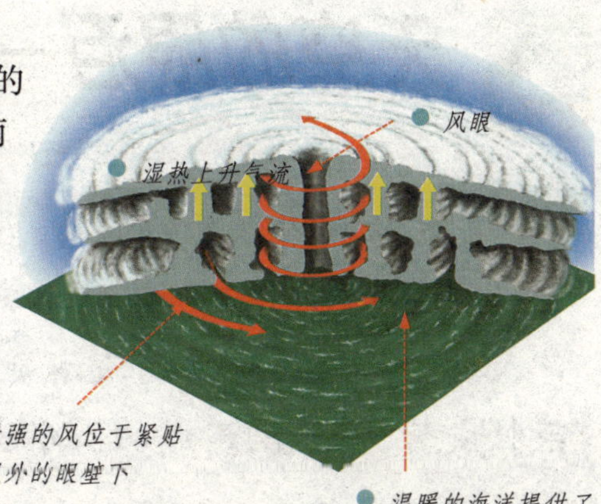

庞然大物

飓风的覆盖范围非常广泛，它的覆盖范围甚至要比整个英国还要大。这样的庞然大物在海面上向着陆地快速前进，必然会给陆地带来很大的灾难。

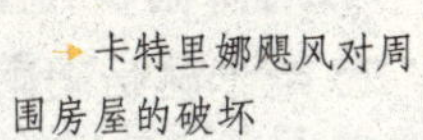

卡特里娜飓风对周围房屋的破坏

气象卫星拍摄的飓风的生成过程及它在海洋上空的运动过程

跟踪飓风

在以前，人们只能凭借经验来判断飓风是否会来，而现在人们用人造卫星来跟踪飓风。观测到飓风的去向，然后向人们发出警告，人们便会提前做好防御工作。

No.059

天空的眼泪——雨

雨是从云中降落的水滴，当云中的水珠凝结到足够大、无法悬浮在空中时，它们就会落下来，从而形成雨。雨水是人类生活中最重要的淡水资源，植物也要靠雨露的滋润而茁壮成长，但暴雨造成的洪水也会给人类带来巨大的灾难。

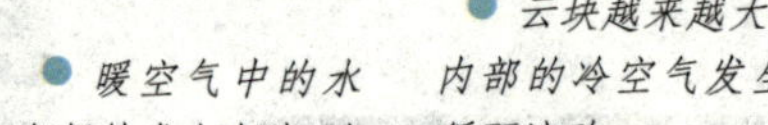

雨量

气象学家用降雨量来衡量一个地区或一次降雨的多少。日降雨量在10毫米以下的，就是小雨；在10～25毫米就是中雨；在25～50毫米为大雨，多于50毫米的就是暴雨。

知识小笔记

美国化学家兼物理学家兰茂尔，在科学上最大的突破就是利用干冰实现了人工降雨。

雨量测量器的精确度为0.2毫米

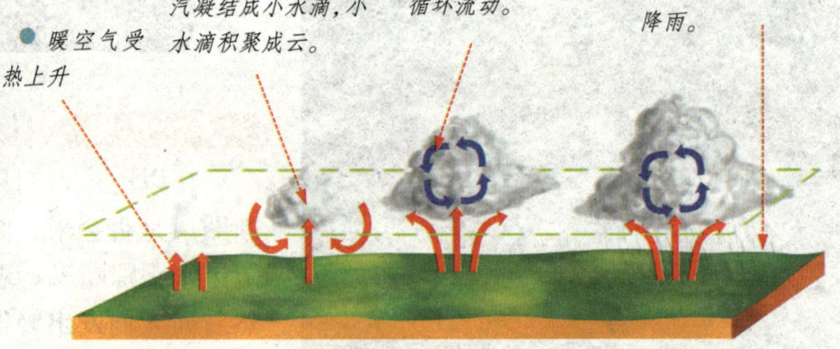

雨的形成过程示意图

酸雨破坏了存在千年的石雕

世界上降雨最多的地方

夏威夷群岛的威尔里尔，年平均降水量达 11 680 毫米；而印度的乞拉朋齐，1861 年曾出现年降水量 20 447 毫米的记录，所以说它们是世界上降雨最多的地方。

严重缺雨造成地面干裂

重要的降雨

对于生活在陆地上的人来说，降雨也是主要的淡水来源。一个地区的年降雨量一般会在一个范围内变动，但是如果某一年的降雨量比这个数值小很多，那么这里就会发生干旱。

酸雨

酸雨是指 pH 值小于 5.6 的雨雪或者以其他方式形成的大气降水，5.6 这个数据来源于蒸馏水跟大气里的二氧化碳达到溶解平衡时的酸度。酸雨里含有多种无机酸和有机酸，绝大部分是硫酸和硝酸，通常以硫酸为主，其侵蚀性非常严重。

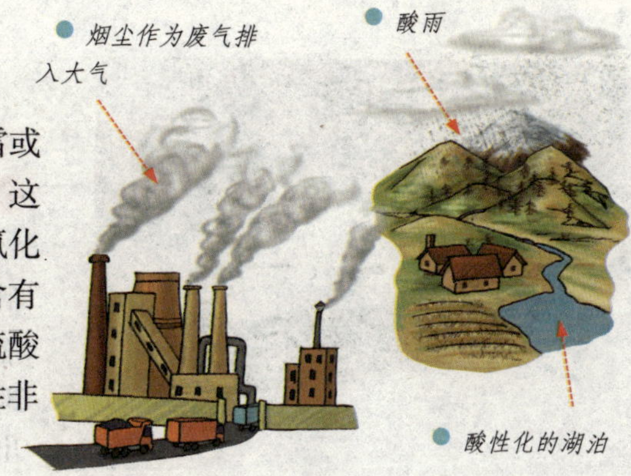

大地的冬衣——雪

雪花是云里的水汽凝结成的小冰晶，在温度为-40～20℃之间的云层凝结成的。这些微小的冰晶互相结合在一起，形成雪花。当上升的气流托不住这些雪花的时候，雪花就从云中飘落下来，形成降雪。

独一无二

由于每一片雪花周围的水汽凝结过程各不相同，所以每朵雪花的形状都是独一无二的。科学家用显微镜观察过成千上万朵雪花后，得出的结论是：形状、大小完全一样的雪花在自然界中是无法形成的。

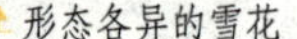

形态各异的雪花

雪灾

大规模降雪会给人们的生产和生活带来灾难。雪灾不仅会造成气温骤然下降，风雪弥漫，还会使一些沿海地带出现洪水泛滥、海水猛涨、火车出轨、船只沉没等恶劣状况。

雪崩

雪崩是一种严重的自然灾害，一旦发生，势不可挡。成千上万吨的积雪夹杂着岩石碎块，以极高的速度从高处呼啸而下，所到之处一片狼藉。

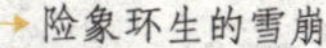
险象环生的雪崩

六月飞雪

降雪并不是冬天独有的景观，只要温度足够低，任何时候都可能降雪。1861 年西欧和北美都曾“六月飞雪”，当时的积雪还达到了 16 厘米厚。有的高山因为海拔高，所以常年都有降雪。

note 知识小笔记

世界上降雪量最多的地方是位于美国的雷尼尔山。

瑞雪兆丰年

民间有句俗语叫瑞雪兆丰年，此话不假，因为刚落下的雪，间隙里充满了空气，覆盖在大地上，犹如一条巨大的毯子保护着越冬的植物不被冻死。等到来年春暖花开时，冰雪融化，大地水量充足，庄稼就能长得茂盛。

堆雪人是大人和孩子都非常喜欢的游戏

No.061

迷离的世界——雾

在一个晴朗的早晨，当你推开门的时候，突然发现外面的世界已经被一层雾包裹住了，有时候你甚至连马路对面都看不清楚。雾看起来像烟一样，它实际上是由漂浮在空气中的小水滴组成的。

各种各样的雾

地面的空气在沿着山坡向上爬升的时候温度会降低，这样水蒸气就会凝结成小水滴，形成山谷里的雾；来自陆地的暖空气飘到寒冷的海面，就会形成海雾；在北冰洋，雾从海面上升起，就像是水蒸气从沸水里冒出来，这种雾被称为海烟。

早晨的雾

当太阳升起以后，空气的温度迅速上升，但是地面的温度并没有上升，于是在地面附近就会形成一层雾。随着温度的增加，这层雾很快就会消失。

早晨，我们在山谷中经常会看到雾。

雾灾

大雾有时也会造成灾害，有雾的天气能见度很低，这样很容易引发交通事故。在1962年伦敦的一场大雾中，两列火车相撞，造成90人死亡，许多人受伤。

伦敦是一个多雾的城市

浓雾为大家的出行带来不便

知识小笔记

当空气中灰尘增加时，雾会变得十分浓厚。

美国金门大桥常被太平洋上的海雾弥漫，像被“截断”一样，故有“雾断金门”之称。

雾都

英国是北大西洋上的一个岛国，这里受海洋暖湿气流影响很大，雨和雾都很多。其中伦敦一年中平均每五天就有一个雾天，有“世界雾都”的称号。

No.062

水蒸气的产物——霜和冰

晚秋或是冬天的早晨，有时候会看到外面的大地被白茫茫的一片霜覆盖着，就好像下过雪一样；要是气温再降低一些，那么放在外面的水就会结成冰。无论是霜，还是冰，它们都来自空气中的水蒸气。

变成霜

当夜晚到来的时候，气温就会降低，于是空气中的水汽就会凝结成霜。霜是很小的冰晶，这些冰晶覆盖在其他物体上，成为盖在它们上面的白色的杯子。

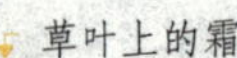

草叶上的霜

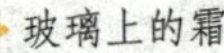

玻璃上的霜

草叶上的霜

如果你仔细观察你会发现，在冬季寒冷的早晨，路边的草叶上会被一层白蒙蒙的霜裹着。这是因为草叶子比较大，这样冰晶就更容易聚集在草叶上，所以草叶上的霜比较多。除此以外，土块上也很容易产生霜。

浮在水面上

如果你把一块冰放在水里，就会发现冰总是漂浮在水面上。这是因为在同等大小的情况下，冰总是比水轻，所以它才能漂浮在水面上，不会沉下去。

浮在水面的冰块

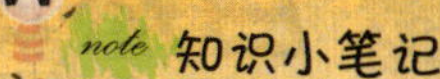

霜形成的同时会产生“霜冻”，对农作物造成很大的危害。

巨大的冰柱

冰

到了冬天气温很低的时候，河面和湖面上就会形成冰。冰也是水凝结而成的，因此只有在有水的地方才能形成冰。许多大型的溜冰场是人们冬季休闲娱乐的好去处，冰上运动给人们增添了许多乐趣。

滑冰是人们非常喜欢的运动

No.063

自然奇观——美丽的雾凇

在冬天的时候，有时候一早上起来，你会发现屋外的大树枝条被一层薄霜包裹住了，这就是雾凇。雾凇的俗名叫树挂，它的形成和霜差不多，不过只有在非常寒冷的时候才会出现雾凇这种现象。

雾凇的形成

只有在有雾的寒冷天气里，雾凇才会形成。当漂浮在空气中的小冰晶碰到冰冷的枝条的时候，就会立刻凝结在枝条上，形成霜。最后这些霜堆积起来，就形成了雾凇。

美丽的雾凇景观

note 知识小笔记

中国是世界上最早记载雾凇的国家。

不可缺少的水汽

雾凇的形成需要大量的水汽。冬天的空气一般比较干燥，不过在水源附近的空气会含有比较多的水汽，所以在河流和湖泊的旁边更容易形成雾凇。

雾凇的季节

雾凇是一种非常美丽的自然景观。在北半球，每年的 11 月到次年的 1 月天气都非常寒冷，雾凇就开始出现，喜爱雾凇的人们在这个时期就可以大饱眼福了。比如，我国吉林市松花江岸边的雾凇宛如玉树琼枝，被人们称为“傲霜花”，吸引了大批国内外观光的游客。

雾凇在寒冷的冬天才会出现

冰天雪地的山岭

飞机上的雾凇

有时候飞机在高空飞行经过一片云的时候，飞机身上就会结成一层冰。这层冰和雾凇形成的原因是一样的，都是小水滴凝结在冰冷的物体上形成的。

飞机机翼上的冻冰

山顶的雾凇

在晚上，山顶的气温很低，如果这个时候一片含有大量水汽的空气经过山顶，就会形成雾凇。这也是山顶更容易出现雾凇的原因。

No.064

天公的愤怒——闪电和雷声

夏天的雷阵雨常会伴随着天空划过一道道闪电和轰鸣的雷声来临。闪电和雷鸣是一种自然现象，它们有时也会给人类带来麻烦与灾难，但人类通过对它们的认识与研究，已经做了很好的防范工作。

富兰克林的发现

在1752年6月的一个雷雨天气里，美国科学家富兰克林放飞一个可以收集雷电的风筝，试图收集天空中的雷电。这个实验最终使他揭开了雷电的秘密，雷电只不过是规模庞大的放电现象。

出现闪电的时候，在树下躲避是一件很危险的事情，高耸的大树经常成为雷电袭击的目标。

电击

高大的树木和高层建筑很容易遭受闪电的袭击，所以闪电来临时，站在大树附近就容易触电。下雷阵雨的时候，如果你在野外，一定要远离树林。

美国科学家富兰克林发明了避雷针

先闪电后雷鸣

闪电和雷鸣几乎是同时发生的，但是我们总是先看到闪电再听到雷声，这是因为光的传播速度比声音的传播速度要快。根据测算，如果在闪电后过 5 秒钟听到雷声，这说明雷暴发生在大约 1.7 千米以外。

避雷针

人们发现金属可以传导雷电，于是就在高层建筑上放置一个针形金属物体，并用导线把这个物体和地面连接起来，这就是避雷针。避雷针可以把雷电传播到大地，保护建筑物免遭雷击。

note 知识小笔记

闪电能产生很高的温度，甚至能使钢铁在一瞬间熔化。

震耳的雷声

当发生闪电的时候，闪电释放的能量会使空气膨胀，产生冲击波。这些冲击波在云层间不断被反射，最后，成为声波传递到我们的耳朵里，我们就听到了震耳的雷声。

被闪电击中的树木有可能会燃烧，引发森林火灾。

闪电常击中高耸的地面物体，所以高大的建筑物都要装备避雷针。

No.065

天上的桥——美丽的彩虹

彩虹是自然界里最美丽的景象，它的出现与天气有着很大的关系。每当夏季雷雨过后，天空中就会出现一道美丽的彩虹；有时候即使没有下雨，只要天空中有薄薄的云层，也有可能出现彩虹。

彩虹的颜色

通常我们认为彩虹有 7 种颜色，分别是红、橘、黄、绿、蓝、靛蓝和紫色，在彩虹的最里面是紫色光，而外面是红色光。有时候在彩虹的附近还会出现一道暗淡的彩带，这条彩带就是霓，它的颜色排列顺序和彩虹正好相反。

绚丽多姿的彩虹

知识小笔记

彩虹的真实形状是完整的环形，但是我们只能看到一半彩虹。

来自太阳的光

我们白天见到的光几乎都是太阳发出来的。太阳光中包含了各种不同颜色的光，这些光混合在一起，使我们的眼睛无法区分。所以在我们看来，太阳光是白色的。

彩虹其实是一个完整的环形

弯曲的彩虹

我们看见的彩虹都是弯曲的，几乎没有直线。这是因为折射阳光的水滴是圆球形的，因此在折射的时候光被弯曲了，所以形成的彩虹总是弯的。

光线

雨滴

穿过雨滴的光线在进出雨滴时发生折射，在雨滴内部发生反射。

天空中的棱镜

彩虹的形成需要由水滴组成的薄云、足够强的阳光以及合适的观测地点。由小水滴组成的云就像棱镜一样，可以把阳光中不同颜色的光分开。这些分散的光继续前进，被云层反射到我们的眼睛里，我们就看到了彩虹。

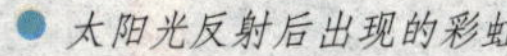

太阳光反射后出现的彩虹

自己动手做彩虹

我们自己也可以做一道彩虹。首先，把一个装有清水的透明玻璃杯放在阳光下面，然后在杯子旁边放一张白纸，白纸最好放在阴暗区，这样就可以看到纸上出现了一道彩虹。

科技时代——预报天气

现在，人们已经可以对未来的天气进行预报了。比如，我们要去某地旅行，就会察看一下这个地方的天气，再决定带上什么样的行装。天气预报为我们带来了很多的好处，也激励更多的人为研究天气变化规律而努力。

观测云

云也会为人们带来未来天气的信息。在古代中国，人们通过观察云的变化，总结出这样的规律：当出现朝霞的时候，未来的天气就会变坏；而出现晚霞的时候，未来的天气就是晴朗的。

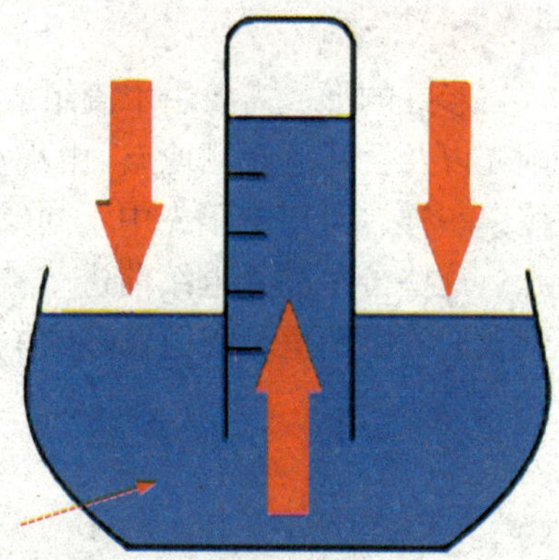

大气压使水银在真空管内上升

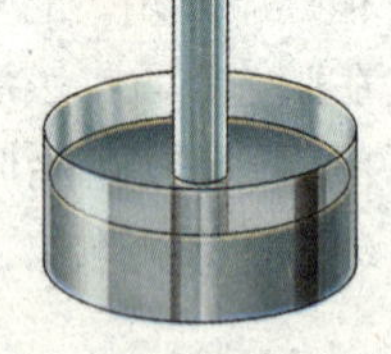

测量气压

既然我们周围有空气，那就会存在压力，空气产生的压力就是大气压。当气团保持平稳的时候，气压也会保持平稳；当空气发生变化的时候，气压就会发生变化。所以测量气压可以预知天气变化。

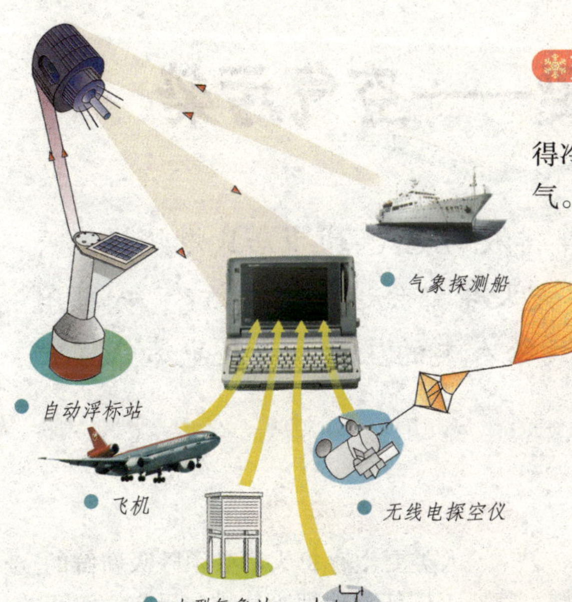

变化的气温

当冷风吹来的时候，我们就会觉得冷，所以气温的变化也可以预报天气。只要我们用一支非常灵敏的温度计来测量气温的变化，就可以预知未来的天气。

知识小笔记

在 17 世纪的时候，意大利物理学家托里拆利发明了气压计。

不一样的风速

风速的变化也会告诉我们天气的变化。当有冷风吹来的时候，我们就会感觉到天气要变化了，所以用一些仪器测量风速的变化，也可以预报未来的天气。

现在的天气预报

现在人们利用卫星拍摄云团的图像，然后再利用计算机计算云团在未来的运动，就可以更加准确地预报天气了。

→天气的变化情况可以用专门的气象符号来表示。这是天气预报中常见的符号。

Weather Report

Weather

No.067

严重的污染——空气污染

工厂排放的废气、汽车排放的尾气、城市居民燃烧煤炭产生的烟气以及森林失火等都会造成空气污染。一些有害气体破坏了生物的生长，给人类的生存和发展也带来了严重的危害。

呼吸与大气污染

人类要生存每天都必须呼吸新鲜的空气，工厂任意地把废气排向天空、汽车的增加也加大了大气的净化负担，人类要呼吸到新鲜的空气就必须减少这些污染。

知识小笔记

酸雨、臭氧层空洞、厄尔尼诺现象等都是大气被污染后产生的恶果。

为了防止吸入更多污浊的空气，人类有时会戴上口罩，从而有效地保护自己的呼吸系统。这是泰国的一位交警戴着口罩上班的情景。

光化学烟雾

光化学烟雾主要是由汽车废气引起的一种大气污染现象。在强烈的阳光照射下，汽车排出的尾气会发生化学反应，生成一种淡蓝色或者棕色的烟雾，就是光化学烟雾。

光化学烟雾含有刺激性，它的浓度只要达到千万分之几，就会使人感到眼痛、头痛、呼吸困难甚至昏厥。

光化学烟雾成因及危害示意图

地球的"温室效应"

地球好比一个偌大的温室，地球周围的大气就好像温室的玻璃，防止地面的热量散失到宇宙中去。人类大规模使用煤炭、石油等燃料，排放出大量二氧化碳，使温室效应更加显著。

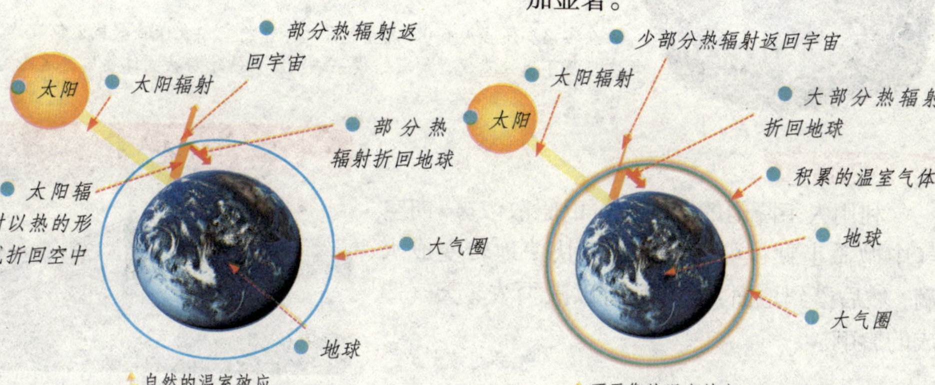

自然的温室效应

不平衡的温室效应

与天作战——改变天气

No.068

在了解了天气变化的原理以后，人们开始尝试改变天气。现在人类已经实现了通过人工降雨、人工消雨和驱散浓雾等来改变天气，这些技术为我们的生活带来了很多方便。

干冰降温

干冰就是固态的二氧化碳，它是一种比冰更好的制冷剂，它能使空气里的水蒸气冷凝，变成水滴下降。用干冰进行人工降雨的同时，干冰需要吸收大量的热量才能融化成气体，这样空气的温度自然就降低了。

在常温和压强为6 079.8千帕压力下，把二氧化碳冷凝成无色液体，再在低压下迅速蒸发，便凝结成一块块压紧的冰雪状固体物质，这就是干冰。

驱散浓雾

利用人工降雨的方法还可以驱散浓雾。向空气中抛撒小颗粒可以使这些雾快速地转变成水滴，然后落到地面，这样就可以减少浓雾天气造成的影响。

弥漫的大雾

地面增雨

如果云层离地面足够近的话，人们也可以利用大炮、火箭或气球向云层中抛撒化学药品，来使这些雨滴落下来，而且这些化学药品一般不会对环境造成污染。

当云层离地面特别近时，人们可以利用大炮、火箭或气球向云层中抛撒化学药品来降雨。

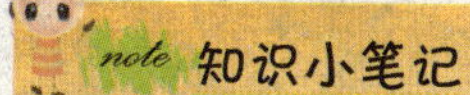

知识小笔记

美国物理化学家欧文·朗缪尔是人工降雨的首创者。

人工降雨

人们一般利用从高空抛撒干冰和碘化银颗粒的方法，来制造人工降雨。人工降雨是要有一定条件的：0℃以上的暖云中要有大水滴；0℃以下的冷云中要有冰晶。如果不具备这样的条件，天气形势再好，云层条件再好，也不会下雨。

更多的进展

除了人工降温、降雨外，目前，一些科学家还尝试用一些方法改变干旱天气和阻止飓风的产生。虽然这些目标暂时还无法实现，但是在未来的某一天这些想法一定都可以实现。

当降雨量特别少的时候，植物就难以生存，为了缓解旱情，人们就使用人工降雨。

山脉和峡谷

地球陆地的表面并不是平整而舒缓的，上面有雄伟壮丽的山脉和风景迷人的峡谷，这些山脉和峡谷成为人们旅游观光的胜地。像阿尔卑斯山、东非大裂谷都是大自然鬼斧神工的杰作。

No.069

大地的脊梁——山脉

高山是高出周围地面的一种地形，是陆地上的隆起。在世界的许多地方，常常能看到一座座连接在一起的大山，这些绵延千里的大山就是山脉，如安第斯山脉、喜马拉雅山脉等都是世界著名的山脉。

秘鲁安第斯山脉中脊，看起来非常雄伟壮观。

世界最长的山脉

世界上最长的山脉是南美的安第斯山脉。它纵贯南美大陆西部，北起北美洲的特立尼达岛，南至火地岛，全长近9 000千米，被称为“南美洲的脊梁”。

欧洲最高的山脉

阿尔卑斯山是欧洲最高大的山脉，它绵延1 200千米，平均海拔约3 000米。阿尔卑斯山的景色十分迷人，勃朗峰、卢卡诺峰、杜夫尔峰等名山吸引着来自世界各地的登山者和旅游者。

阿尔卑斯山脉

知识小笔记

喜马拉雅山脉是世界上海拔最高的山脉，平均海拔在6 000米。

不断长高的山脉

喜马拉雅山脉是由印度板块与欧亚大陆板块碰撞形成的。由于地壳的运动是持续不断的，因此喜马拉雅山的高度也在随之变化。它以每年1～2厘米的速度递增，不太容易被人们察觉。

高加索山

高加索山是位于欧、亚两洲之间的山脉，是欧洲和亚洲的天然界限。高加索山自西北向东南延伸，形成大高加索和小高加索两列主山脉，当中许多山峰的绝对高度超过了海拔5 000米。

希腊神话故事中，人类的保护神普罗米修斯被囚禁在高加索山上。

昆仑山口地处昆仑山中段，也称作“昆仑山垭口”，是青藏公路上的一大关隘。

中国最长的山脉

昆仑山的平均海拔5 500～6 000米，山脉全长2 500千米，总面积达50多万平方千米，是中国最长的山脉。昆仑山是道教名山，素有“海上仙山之祖”之称。

No.070

巍峨壮观的景致——山峰

山脉是地球上最常见的地形，而起伏不平的山峰则是这些山脉耸立的丰碑。世界上著名的山峰都有其引人注目之处，有的山峰巍峨壮观，有的山峰地理环境很特别，还有一些山峰风景如画。

知识小笔记

全世界 8 000 米以上的高峰有 14 座，全部集中在喜马拉雅山脉。

珠穆朗玛峰

珠穆朗玛峰是喜马拉雅山脉的主峰，也是全世界海拔最高的山峰，它的高度有 8 844.43 米。在藏语里，珠穆朗玛就是“大地之母”的意思，在神话传说中是女神居住的山峰。

庄严雄伟的珠穆朗玛峰“欲与天公试比高”

非洲最高的山峰

非洲的乞力马扎罗山位于坦桑尼亚东北部，海拔 5 895 米，是非洲的第一高峰。在乞立马扎罗山上，你可以看到从热带到寒带的一切气候和景象，十分神奇。

昂然挺立的乞力马扎罗山

富士山

富士山上的剑峰是日本最高的山峰，海拔 3 776 米。它是一座活火山，在历史上富士山曾经多次喷发，因此山体是一个圆锥形，山顶为积雪覆盖。如今，富士山已成为日本的象征。

日本的富士山是一座活火山

宁静悠远的少女峰

少女峰

少女峰是阿尔卑斯山脉中的一座山峰，海拔高度是 4 158 米，是阿尔卑斯山的最高峰之一。它宛如一位少女，披着长发，银装素裹，恬静地仰卧在白云之间，因此被称为阿尔卑斯山的“皇后”。

罗伯森峰

罗伯森峰位于加拿大的洛矶山脉上，它的海拔高度是 3 954 米，是洛矶山脉上最高的山峰之一。这里有大片的森林、水质清澈的湖泊和白雪皑皑的山峰，风景优美如画，吸引着无数的游客前往。

雄奇险秀之地——峡谷

No.071

我们经常把两个山峰之间的凹地称为峡谷。著名的峡谷有科罗拉多大峡谷、雅鲁藏布江大峡谷和长江三峡等。这些峡谷地势险要，风景迷人，是探险和旅游观光的好去处。

深山包围的峡谷

大部分峡谷都是由河流的冲刷侵蚀作用形成的。峡谷两岸有连绵不绝的山峰护卫，这使得峡谷的地势有时狭窄细小，有时又宽阔平坦。总而言之，峡谷的地形复杂多变。

知识小笔记

位于我国云南的虎跳峡落差 213 米，是世界上落差最大的峡谷。

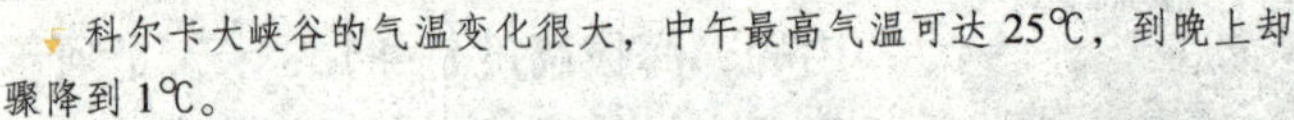

科尔卡大峡谷的气温变化很大，中午最高气温可达 25℃，到晚上却骤降到 1℃。

科尔卡大峡谷

科尔卡大峡谷位于南美洲秘鲁，两岸山峰为安第斯山脉，全长有 90 千米，高度落差大约有 3 200 米。科尔卡大峡谷景色奇丽，气候变化巨大，每年都会吸引许多游客来这里旅游。

长江三峡

长江三峡是世界上最壮丽的峡谷之一，是我国十大风景名胜之一。长江三峡是瞿塘峡、巫峡和西陵峡三段峡谷的总称。它西起四川奉节的白帝城，东到湖北宜昌的南津关，总长 204 千米。这里两岸高峰夹峙，水流汹涌湍急，十分壮观。

长江三峡雄奇壮美的风景

布赖斯峡谷的千沟万壑

布赖斯峡谷

布赖斯峡谷位于美国犹他州，这里怪石嶙峋，景色奇异，最大的不同之处在于布赖斯峡谷的颜色十分鲜艳，这是因为峡谷里的岩石被雨水和空气风化，导致化学变化而引起的。

美洲死亡谷

在美国加利福尼亚州与内华达州相毗连的群山之中，有一条长 225 千米，宽 6 ~ 26 千米的大峡谷。峡谷两岸悬崖峭壁，地势十分险恶，气候也极端炎热干燥。误入此地的人都难以生还，这就是著名的美洲死亡谷。

美洲死亡谷是人类的禁区，涉足到这里的人几乎全部丧生。

大地的伤痕——裂谷

裂谷是地球上最奇特的地貌之一，当相连的板块发生分裂的时候，它们之间就会产生一个巨大的裂谷。裂谷会造就一个深陷入大地的裂缝，也可以造就一个深入陆地的海洋，在大洋板块中心也会出现裂谷。

地球上的裂谷

因为裂谷的形成与陆地板块的运动联系得十分紧密，所以地球上的裂谷大多分布在陆地上板块运动相异的地方，比如非洲和亚洲之间，或者北美大陆上一些地方。

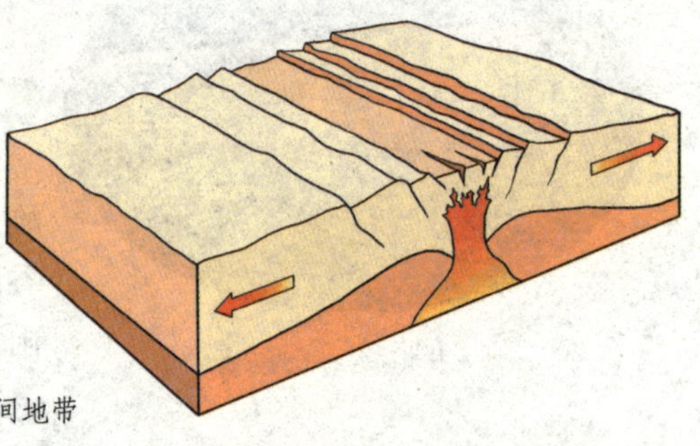

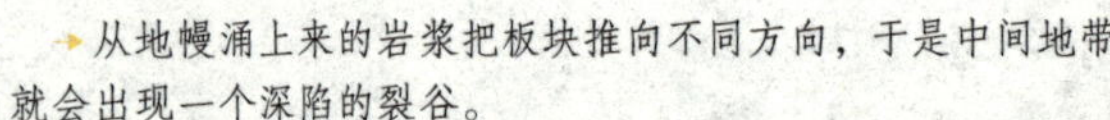
从地幔涌上来的岩浆把板块推向不同方向，于是中间地带就会出现一个深陷的裂谷。

地球的伤疤

东非大裂谷是地球上最大的裂谷，被称为“地球的伤疤”。一些地理学家预言未来非洲将在裂谷处分裂，现在的非洲板块也将变成两个分裂的板块。

我国境内的裂谷

在我国也有类似东非大裂谷这样因为板块分离而造就的地形存在，比如汾河平原和渭河谷地，这种地形结构统称为地堑。

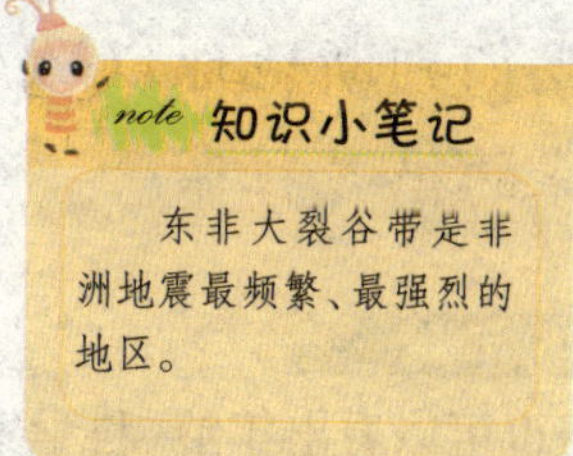

东非大裂谷带是非洲地震最频繁、最强烈的地区。

海沟

每个大洋地都有海沟，但是它们的深浅并不一样。目前世界上最深的海沟是马里亚纳大海沟，它位于太平洋上马里亚纳群岛附近的洋底，最深处有 11 034 米。

大洋底部地壳很薄，因此岩浆从这里涌上来，推挤周围的板块，使板块向着不同方向运动，由此产生了各种地质地貌，比如裂谷和断层。

圣安德烈斯断层

圣安德烈斯断层横贯美国加利福尼亚州，这里是太平洋板块和北美板块相连接的地方。随着时间的流逝，两块板块向不同方向移动，它们之间的距离越来越大，圣安德烈斯断层就形成了。

No.073

大自然的百科书——岩石

岩石是由一种或几种矿物或玻璃体按照一定方式结合而成的，按其形成原因分为岩浆岩、沉积岩和变质岩。岩石是我们判断地球以及生物演变过程的自然百科书，它记载着地球的很多秘密。

岩石的年龄

岩石也可以看出年龄。科学家在格陵兰发现了年龄为 38 亿年的岩石，它是目前地球上最古老的岩石。在中国发现的最古老的岩石是冀东地区的花岗片麻岩，年龄约为 35 亿年。

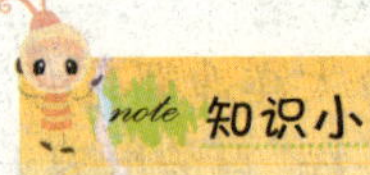

note 知识小笔记

浮石是一种比水还轻的岩石，它是火山爆发的产物。

沉积岩

沉积岩是由海里的动物外壳和泥沙碎屑堆积起来的。在堆积过程中，底部的沉积物被压扁，成为一层坚实的岩石层，随着时间的推移，上面逐渐生成新岩层。石灰岩、砂岩等都属于沉积岩。

海边的石头基本都属于沉积岩

大理石是一种很常见的矿石

大理石

大理石的分布很广泛，它有着美丽的颜色、花纹，有较高的抗压强度和良好的物理化学性能。随着经济的发展，大理石在人们生活中起着重要作用。它可以用于制造精美的用具和装饰品，如家具、灯具、烟具及艺术雕刻等。

火成岩

火成岩又叫岩浆岩，在地壳中含量是最多的，它是由于地壳内部炽热的熔岩喷涌出地面后冷却凝固形成的。常见的花岗岩、玄武岩等就属于火山岩。

玄武岩

石灰岩

花岗岩是火山爆发时，熔岩受到相当的压力，在熔融状态下隆起至地壳表层形成的构造岩。

页岩

变质岩

沉积岩和火成岩在高温高压的作用下，内部的结构和成分会发生变化，成为变质岩。大理石和板岩都是变质岩，大理石是石灰岩变成的，板岩是页岩变成的。

No.074

价值连城的矿石——宝石

矿物当中，有一些品种因为稀少而十分昂贵，这就是我们说的宝石。常见的宝石包括钻石、红宝石、玛瑙、玉石等。另外，珍珠、珊瑚等也属于宝石，不过它们是生物宝石。

祖母绿

祖母绿又叫“吕宋绿”或“绿宝石”，它是一种含铍铝的硅酸盐结晶体，呈六方柱状，颜色呈翠绿或浓绿。祖母绿是一种非常珍贵的宝石，被称之为“绿色宝石之王”。

知识小笔记

南非盛产钻石，世界上很多优质的钻石都产自南非。

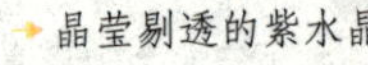
晶莹剔透的紫水晶

水晶

水晶在希腊文里是“洁白的冰”的意思。水晶的外观清亮、透彻，属于石英的一种。根据颜色、包裹体及工艺特性可分为：紫水晶、黄水晶、蔷薇水晶、水胆水晶、星光水晶、砂晶等。

翡翠

翡翠是一种深受人们喜爱的宝石，它的主要成分是钠铝辉石。翡翠在形成的时候会混入其他元素，因此质地和颜色会产生变化。混有铬元素的翡翠呈现出柔润艳丽的淡绿、深绿色，是最名贵的翡翠，备受人们的珍视和喜爱。

精雕细琢的翡翠艺术品不仅赏心悦目，而且极具收藏价值。

色泽鲜明光亮的玛瑙

玛瑙

玛瑙是自然界中分布较广、质地坚韧、色泽艳丽、文饰美观的玉石之一。玛瑙的用途非常广泛，它可以作为药用、宝石、玉器、首饰、工艺品材料、研磨工具、仪表轴承等。有的玛瑙中包有水珠，称为水胆玛瑙，十分珍贵。

宝石之王

钻石也叫金刚石，有“宝石之王”的美誉。它的化学成分是碳，是唯一由单一元素组成的宝石。经日光照射后，钻石在夜晚能发出淡青色磷光。钻石形成需要极高的压力，所以它通常出现在地层夹层之中。

钻石是自然界中最硬的矿石

No.075

远古的信息——化石

关于生命的起源是没有历史记载的，人们只能从沉积的化石中找寻答案。化石是留存在岩石中的古生物的遗体或遗迹，它记录了地球上生命的起源、发展、演化等各种信息，为研究地球变化提供了依据。

化石的形成

化石是动物或植物死亡后，没有马上被毁灭，经过了很长的时间，埋藏在地下变成的跟石头一样的东西，数万年后成为地壳的一部分。

化石的形成过程

知识小笔记

科学家发现的最早的古生物化石是32亿年前的细菌化石。

琥珀

琥珀是 4 000 万年前的树脂化石。松柏类植物能分泌出大量的树脂，树脂有很强的黏性，昆虫或其他生物飞落在上面就被粘住了。树脂继续外流，昆虫的身体就被树脂完全包裹起来，最后形成了好看的琥珀。

漂亮的琥珀

据始祖鸟化石推测，始祖鸟是鸟类的祖先。

始祖鸟化石

根据在德国发现的始祖鸟化石可知，始祖鸟生活在距今 1.5 亿年前。它的嘴里长着牙齿，翅膀尖上长着三个指爪，还长着一条长尾巴，这些特点和爬行动物极为相似。经研究证明，始祖鸟是爬行动物向鸟类过渡的中间阶段的代表。

据恐龙化石推测，恐龙最早出现在 2 亿 3 千万年前的三叠纪。

恐龙化石

恐龙死后，它的骨骼及牙齿等硬体组织沉没在泥沙中，处于隔氧环境下，经过几千万年的沉积作用，形成了恐龙化石。根据科学推测，恐龙是世界上最大的动物。

水 域

从太空望向地球，这个巨大的球体是蓝色的，这是因为地球上的水与空气的反射作用形成的。海洋、河流、湖泊、冰川、地下水、沼泽等一起滋润着地球上的生命，将我们的家园装扮得分外美丽。

No.076

生命之源——水循环

水是人类的宝贵资源，也是一切生命之源。海洋会聚了地球绝大部分的水，它和冰川、河流、湖泊等共同组成地球上的水体。它们持续不断的运动构成水的循环，才保持了地球上生命的存在。

水的分类

地球上的水按照分布的空间不同，分为地表水、地下水、大气水和生物水。地表水就是指露在地表的河流、湖泊的水；地下水以泉水和地表径流的方式供给湖泊和河流水源；大气水是混在大气中的水分；生物水是储存在生物体中的水分。

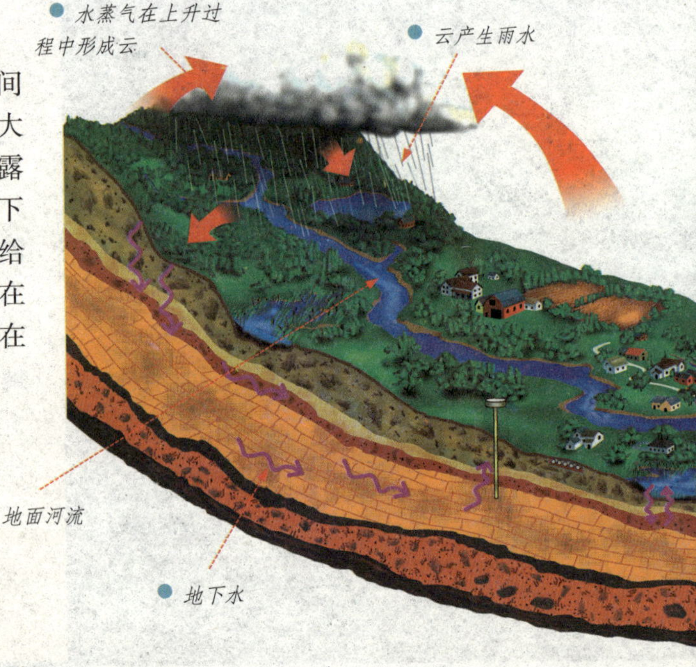

知识小笔记

1993年1月18日，第四十七届联合国大会作出决议，确定每年的3月22日为“世界水日”。

世界水资源情况

世界的水资源按江河的年径流量排列，从多到少依次是巴西、俄罗斯、加拿大、美国、印度尼西亚、中国。我国的水资源虽然不少，但一些地区用水还是很困难。

巴西水力资源丰富，水电供应比例占全国供电量的85%以上。世界最大的水电站——伊泰普水电站就坐落在巴西境内。

湖面上的雾气是被蒸发到空中的水汽

蒸发

蒸发也是水循环的一个重要方面。有时候，我们会在江面或湖面上看到大团的雾，这些雾就是被蒸发到空气中的水分，实际上空气中所携带的水分也是非常多的。

温度升高，水变成水蒸气蒸发到大气层中。

大循环

从海洋蒸发出来的水蒸气，被气流带到陆地上空，凝结为雨、雪等落到地面，一部分被蒸发返回大气，其余部分成为地面径流或地下径流水，最终回归大海。海洋与陆地之间水的往复运动过程，就是水的大循环。

No.077

滋润万物的源泉——河流

河流的存在为陆地上的生命提供了水源，世界上所有的人类文明几乎都发源于大河边上。河流的力量是巨大的，在它的作用下，高原能变成平地，高山能被切成峡谷。

莱茵河

莱茵河被称为德国的“父亲河”，全长 1 320 千米，是德国境内最长的河流。它发源于瑞士境内的阿尔卑斯山脉，流经瑞士、德国、法国和荷兰，注入北海。莱茵河是世界上货运量最大的河流，在这里可以见到 20 多个国家的航船。

莱茵河是具有历史意义和文化传统的欧洲大河之一，也是世界上最重要的工业运输大动脉之一。

尼罗河

尼罗河不仅是非洲最长的河流，也是世界最长的河流，全长 6 671 千米。它流经卢旺达、布隆迪、坦桑尼亚、肯尼亚、埃塞俄比亚和埃及等国，是世界上流经国家最多的国际河流之一。

欧洲最长的河流

伏尔加河发源于东欧平原西部的瓦尔代丘陵中的湖沼间，全长 3 690 千米，最后注入里海，流域面积约达 138 万平方千米，占东欧平原总面积的 1/3。

伏尔加河是欧洲最大的河流，同时也是世界上最大的内流河。

恒河

印度的恒河发源于喜马拉雅山脉，全长 2 700 多千米。在印度文明的整个发展历程中，恒河起过十分重要的作用，在印度人心目中，它是至高无上的"母亲河"。

恒河被印度人视为最圣洁的河流，能在恒河中畅饮、洗浴对他们来说是无比荣幸的事。

知识小笔记

亚马孙河是世界上流域最广的河流。

黄河

黄河是我国第二大河，黄河流域是中华文明的发源地，早在数千年前这里就有了高度发达的农耕文明。黄河上游河水清澈，但是中、下游因为植被稀少，大量黄土被冲入黄河，使河水变得很混浊。

黄河是我国第二长河，世界第五长河。

No.078

源远流长的河流——长江

长江是我国长度最长、流域面积最广阔的一条大河，它源自青藏高原的唐古拉山，途中流经 11 个省市。长江是中华民族的摇篮，哺育了一代又一代中华儿女，被誉为“母亲河”。

我国第一长河

长江全长 6 370 千米，流域总面积 180 余万平方千米，年平均入海水量约 9 600 亿立方米，约占全国土地总面积的 1/5，是我国第一长河，也是世界第三长河。

长江的源头——沱沱河发源于唐古拉山脉。

不同的叫法

长江的北源沱沱河源自青海省西南边境的唐古拉山脉，与长江南源当曲会合后称通天河；南流到玉树县巴塘河口以下至四川省宜宾市之间称金沙江；宜宾以下称为长江，扬州以下旧称扬子江。

九曲回肠

长江的河道非常曲折，尤其是自湖北枝江到湖南城陵矶一段，古称荆江，素有“九曲回肠”之称。由于流速缓慢，泥沙淤积多，每当汛期来临，极易造成溃堤、泛滥的灾害。

黄金水道

长江干流通航里程达2 800多千米，同时，干流与海洋相通，不但便利流域内部与沿海各地的联系，也可以与国外进行经济贸易上的交往，因而有“黄金水道”之称。

三峡工程是世界最大的水利枢纽工程，它位于西陵峡中段。

长江中下游地区是著名的“鱼米之乡”

长江中下游平原

长江中下游平原主要由长江及其支流所夹带的泥沙冲积而成，总面积约20多万平方千米。长江流域地处我国南部，气候和地理环境较佳，是著名的“鱼米之乡”，也是我国人口最密集、经济最发达的地区。

No.079

风姿绰约的水域——湖泊

湖泊是陆地上低洼之地形成的水域。无论是白雪皑皑的高山、陡峭的深谷、辽阔的平原还是咆哮的海滨，都能看到湖泊的踪影。湖泊虽然不如海洋浩瀚，但它同样风姿绰约，美丽神奇。

内流湖与外流湖

湖泊有内流湖与外流湖之分。内流湖的特点是有进无出，即水流注入某个水域后不会以任何的形式再流出去；而外流湖恰恰相反，它是水流从一侧流入，从另一侧流出，最终流入海洋。

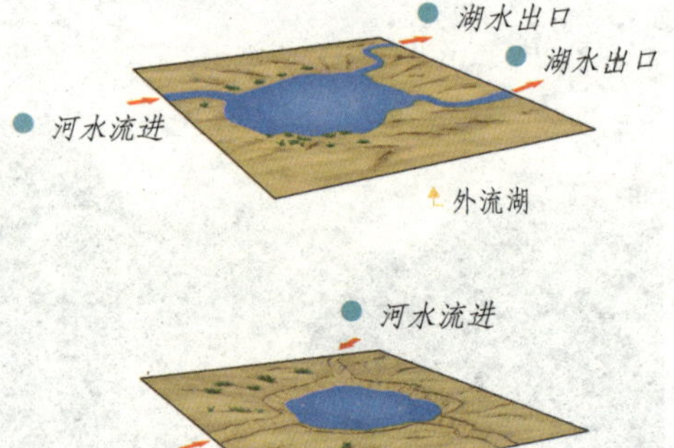

外流湖

内流湖

死海的含盐量达到24%，是世界上最咸的湖泊，由于湖水含盐量极高，游泳者可以浮起来。

湖泊的变化

湖泊中的水体变动小，所以水中携带的泥沙很容易沉积在湖底，使湖底越来越高，最终成为一块陆地。有时湖泊中盐类物质累积得过多，于是就变成盐湖。

湖泊群

世界上最出名的湖泊群就是美国与加拿大交界处的五大湖，这五大湖分别是苏比利尔湖、密歇根湖、休伦湖、伊利湖和安大略湖，除了密歇根湖在美国境内以外，其他湖都是美、加两国共有的。

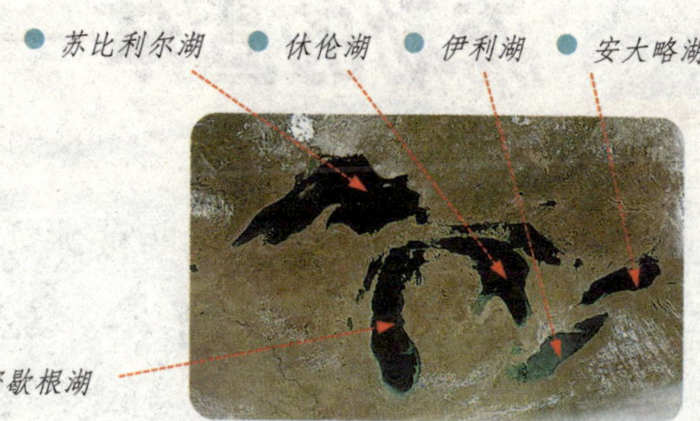

知识小笔记

青海湖是我国最大的内陆湖，也是我国最大的咸水湖。

湖盆

湖盆就是指容纳水的洼地，湖泊形成的原因不一样，湖盆的外形也会不一样。总的来说，造就湖盆的因素有地壳运动、冰川运动、火山喷发、陨石撞击等。

湖泊资源的保护

湖泊中的淡水是陆地上重要的淡水来源，湖中还有许多鱼虾和植物资源提供给人类。但不合理的开发会使湖泊环境遭到破坏、湖水受到严重污染，所以我们要保护湖泊。

的的喀喀湖是世界上海拔最高的淡水湖

No.080

流动的固体——冰川

地球上一些地方长期被冰雪覆盖，积雪越来越多，最后变成了冰。这些厚重的冰雪在重力的作用下，从高处向低处缓慢流动，就形成了冰川。冰川像一个巨大的固体水库，储存着大量的淡水。

冰川期

在地球形成的过程中，因为气候的变化，地表曾被大面积的冰川所覆盖。那时的地球气温下降，气候异常寒冷，大批动植物都死亡或灭绝了，这样的时期就被称为冰川期。离我们最近的一次冰川期发生在大约 200 万年前，称为第四季冰川期。

粒雪盆
冰川体
冰裂缝
冰舌
底碛
冰碛湖
终碛

终碛是冰川移动时带来的泥沙碎石

会流动的冰川

冰川的冰晶体和晶体之间的空隙里包裹着水，水就像润滑剂一样，使冰川在压力和斜度的影响下，缓缓地向下滑动。不过，冰川流动的速度是很慢的，平均每天流动几厘米到几米。

冰川主要分布在南极和北极，在其他地区只有高海拔的山上才能形成冰川。

南极冰盖

整个南极大陆都被冰盖覆盖着，巨大而深厚的冰层如同一个银铸的大锅盖，倒扣在南极大陆上面，所以又称南极冰盖。南极冰盖的厚度相当惊人，平均厚度 2 000 米，最厚的地方有 4 800 米。

南极大陆覆盖着近 2 000 米厚的冰川，是世界上最大的冰川区。这些冰川是世界上最宝贵的淡水资源。

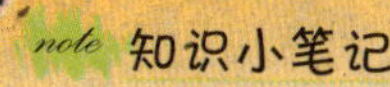

冰川主要分布在南极洲、格陵兰岛、北极等地区。

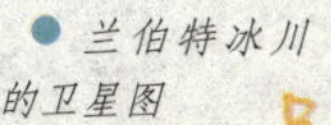

兰伯特冰川的卫星图

世界上最长的冰川

1957 年澳大利亚一批飞行员在南极洲上空发现的兰伯特冰川是世界上最长的冰川。这个大冰川由 3 个分散的冰川连接而成，总长约 514 米，宽 64 米。

可怕的恶魔——冰山

No.081

冰山是冰川或极地冰盖靠海的一边破裂后落入海中形成的大块淡水冰。露出海面的冰山高度可达上百米，在阳光照射下，洁白如玉，秀丽壮观。但这只是它体积的很小一部分，大多都潜藏在海底。

冰山是怎么形成的

冰山并不是海冰结成的，它来自被撞断的冰川。当冰川来到海岸边上，像长长的舌头（叫冰舌）慢慢伸入海中，浮在海洋上的巨大冰块会常常来拜访冰舌，“咚”一声，巨大的“舌尖”断了，这很高大的舌尖，就是冰山。

露出水面的冰山

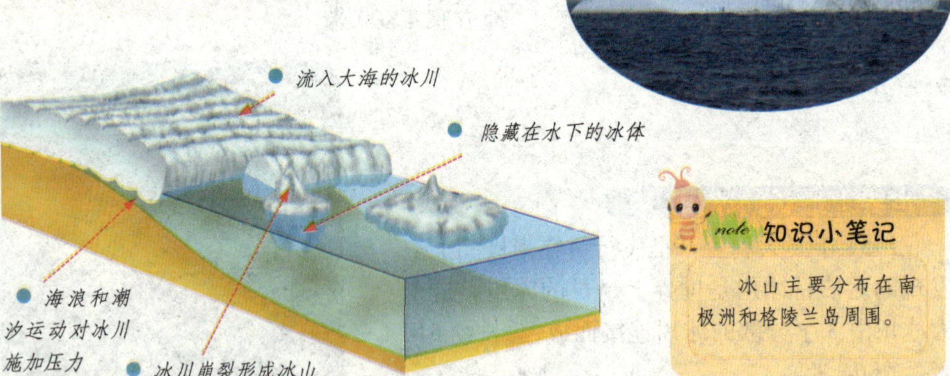

知识小笔记

冰山主要分布在南极洲和格陵兰岛周围。

可怕的恶魔

由于冰山漂浮在海洋上，使周围的空气变冷了，往往由此而形成浓浓的大雾。在海上行驶的轮船如果撞上去，就会造成船毁人亡的惨剧。所以对于航行的轮船来说，冰山就如同一个可怕的大恶魔。

冰山上的浓雾会对海上行驶的轮船造成很大影响。

冰山露出水面的一角仅仅是整座冰山的 1/10

不识冰山真面目

一般来说，大部分的冰山在水里，只看浮在水面上的冰山根本猜不出水下的形状及高度。冰山非常结实，很容易损坏金属板，它成了海洋运输中的极端危险因素。

豪华游轮“泰坦尼克”号就是撞冰山沉没的

最惨重的海难

1912 年 4 月 10 日，当时世界上最豪华的巨型客轮——“泰坦尼克”号首次航行。当它行驶到纽芬兰岛附近的冰海区域时，与一座冰山相撞，几小时后沉没，1 500 多名乘客葬身海底。这是世界上最为惨重的一次海难。

No.082

大地的水帘——瀑布

瀑布是河流流经断层或凹陷地的时候，水从高处垂直跌落而形成的自然景观。瀑布常被称为“大地的水帘”，有的瀑布像轻纱般轻柔飘渺，有的瀑布犹如万马奔腾，这美丽的景观让人心驰神往。

不同的瀑布

根据所处地区的不同，瀑布可以被分为名山瀑布、岩溶瀑布、火山瀑布和高原瀑布；根据瀑布的形状可以分为垂帘型瀑布和细长型瀑布。

巨大的水量

因为瀑布几乎是垂直落下的，所以在极短的时间里就可以向下方输送大量的水。即使在上游水流量并不大的河里，因为瀑布中水的速度增加，也会使水量增大。

位于南美洲委内瑞拉境内的安赫尔瀑布，是世界上落差最大的瀑布。

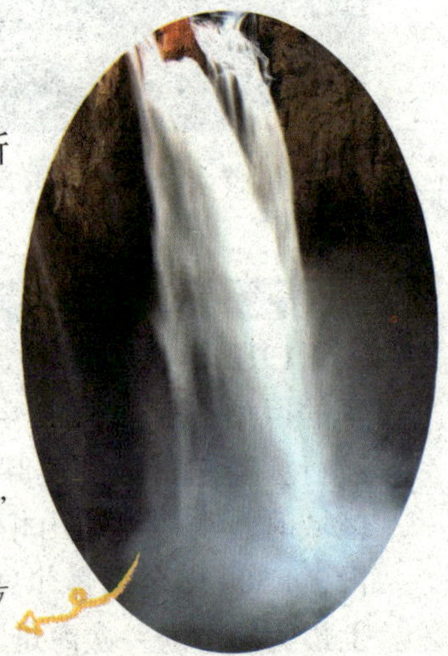

飞流而下的瀑布带来巨大的水量

容易消失

瀑布的水量凶猛，所以对山崖造成的磨损也快。尤其是那些岩石凸出的山崖，会在水流的冲刷下迅速地减少，所以瀑布存在的时间是有限的。随着时间的流逝，水流慢慢就会在山崖上开凿一条水道，而瀑布则消失了。

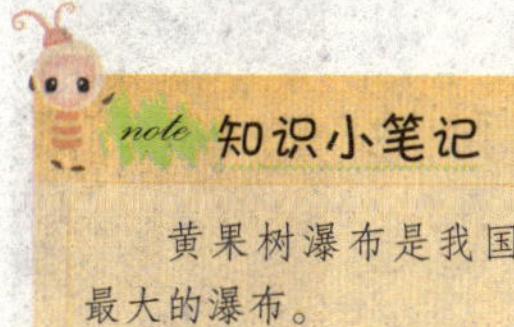

知识小笔记

黄果树瀑布是我国最大的瀑布。

瀑布是一种暂时性的特征，它最终会消失。

壶口瀑布

黄河壶口瀑布位于山西省吉县和陕西省宜川县之间，是我国著名的瀑布。因为瀑布所处地形就像一个沸腾的巨壶，因此这里被称为壶口。壶口瀑布宽达 30 米，深约 50 米，滚滚黄河水奔流至此，倒悬倾注，惊涛怒吼，非常壮观。

壶口瀑布气势磅礴，犹如万马奔腾。

世界最宽的瀑布

南美洲的伊瓜苏瀑布位于阿根廷和巴西两国交界处的伊瓜苏河上，“伊瓜苏”一词在巴西语中是“大水”的意思。瀑布流水顺着马蹄形的峡谷奔流而下，被山前的岩石切割成 275 个大小不等的瀑布。

洪水期时，伊瓜苏瀑布的宽度可达 4 000 米左右，非常壮观。

潜藏的水源——地下水

No.083

除了地球表面的海洋外，陆地下还有一个“海洋”呢，而且这个“海洋”的水量能抵上陆地上所有河湖水量的200多倍，这便是地下水，它总是躲在岩石、沙砾、土壤内部的孔隙或裂隙中。

地下水的来源

地下水主要来自降水和冰雪融水。地球上的水一部分蒸发到大气中去了，一部分成为径流流走了，一部分渗到地底下变成了地下水。空气中的水蒸气也是地下水的一个来源，它们钻进地下，凝结在土壤颗粒上。

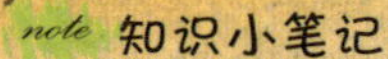

知识小笔记

井水和泉水是我们日常使用最多的地下水。

丰富的地下水

地下水是一个庞大的家庭。据估算，全世界的地下水总量多达 1.5 亿立方千米，几乎占地球总水量的 1/10，比整个大西洋的水量还要多。

村民利用地下泉水制成的水井

清澈的竹山泉

泉水

地下水是储存在地下岩石空隙中的水。泉就是地下水集中流出地表形成的，许多河流的发源地都是泉水，它供给河流，然后河流在漫长的旅程中哺育生命。

天下第一泉

趵突泉位于中国著名的泉城济南，泉水是从地下石灰岩溶洞中涌出的，每日最大涌量达到 24 万立方米。相传乾隆皇帝下江南，出京时带的是北京玉泉水，到济南品尝了趵突泉水后，便决定带趵突泉水，并封趵突泉为“天下第一泉”。

在地势低的地方，地下水涌出地面，形成湖泊。

No.084

有热量的水源——温泉

温泉的水多是由降水或地表水渗入地下深处，吸收四周岩石的热量后又上升流出地表的。温泉的形成必须要具备三个条件，即有热源存在、岩层中有让温泉涌出的裂隙、地层中有储存热水的空间。

温泉的分类

根据温泉产生的地质特性，可将温泉分为火成岩区温泉、变质岩区温泉、沉积岩区温泉；根据温泉流出地表时与当地地表的温度差，可以分为低温温泉、中温温泉、高温温泉和沸腾温泉4种。

迷人的日本温泉景区

日本短尾猿又名雪猴，它们身上长有厚厚的皮毛，能在高地寒冷的环境中生存下来。当温度急剧下降时，它们还有一个取暖的好方法：在温泉里洗个热水澡。

温泉王国

频繁的地壳活动造就了日本星罗棋布的温泉。日本从北到南约有2 600多座温泉，有7.5万家温泉旅馆。

知识小笔记

我国温泉分布最多的地方是云南，以腾冲的温泉最著名。

冰岛的盖策泉

在冰岛首都雷克雅未克附近，有一眼举世闻名的间歇泉——盖策泉。这个泉在间歇时是一个直径20米，被热水灌得满满的圆池，泉水缓缓流出。平静一段时间后，泉水开始翻滚，随之有一条水柱冲天而起，这条水柱最高可达70米。

正在喷发的盖策泉

美国黄石公园的老忠实泉，是世界上最著名的间歇泉。

间歇泉

间歇泉的水不是从泉眼里不停地喷涌出来，而是喷了几分钟、几十分钟后就自动停止，隔一段时间，又会发生一次新的喷发。世界上著名的间歇泉主要分布在冰岛、美国黄石公园和新西兰北岛的陶波。

温泉的用途

经常泡温泉可以使人体的肌肉、关节松弛，使人消除疲劳；还可扩张血管，促进血液循环，加速人体新陈代谢；对于糖尿病、痛风、神经痛、关节炎等疾病也有很好的疗效。

经常泡温泉有益身体健康

No.085

人工河流——运河

运河是人工开凿的通航的河流，主要是为了方便水上运输。运河大都位于接近海洋的陆地上，起沟通内河与海洋的作用。即使在今天，许多运河依然是人们水上运输的重要通道。

运河的开凿

在古代，水运要比车马运输容易，但是主要运输河道之间不一定都有合适的连接河道，所以人们开凿运河来连接不同的水域，以实现快速运输货物的目的。

世界最长的运河

我国的京杭大运河是隋朝时期隋炀帝下令开凿的，它是世界上开凿最早，里程最长的大运河。它南起浙江杭州，北至北京通县北关，全长 1 801 千米，贯通六省市，流经钱塘江、长江、淮河、黄河、海河五大水系。

公元 1292 年，京杭大运河全线贯通。从此它成为贯穿南北的大动脉，在交通运输中起着重要作用。

note 知识小笔记

我国在 3000 年前的春秋时期就开始修建运河了。

世界十大运河

运河名称	所属国家	长度（千米）
京杭大运河	中国	1801
伊利运河	美国	581
苏伊士运河	埃及	173
阿尔贝特运河	比利时	130
莫斯科运河	俄罗斯	128
列宁运河	俄罗斯	101
基尔运河	德国	98.7
约塔运河	瑞典	87
巴拿马运河	巴拿马共和国	81.3
曼彻斯特运河	英国	58

巴拿马运河

巴拿马运河位于南美洲巴拿马共和国的中部，是沟通太平洋和大西洋的航运要道。它全长 81.3 千米，水深 13 ~ 15 米，河宽 150 ~ 304 米，可以通航 76 000 吨级的轮船。

巴拿马运河的迷人风光

巴拿马运河将大西洋和太平洋连成一体，成为国际海运的重要通道。

苏伊士运河

苏伊士运河是重要的国际通航运河，全长 173 千米。它位于埃及东北部，贯通苏伊士海峡，接连地中海和红海，沟通大西洋与印度洋，占据着欧、亚、非的交通要道，是世界上货运量最大、运输最繁忙的国际运河。

苏伊士运河是沟通大西洋和印度洋的通道，也是世界上运输最繁忙的运河之一。

No.086

生病的水源——水污染

水是生命之源，是生物体内最主要的成分。如果没有水，地球上所有的生命都会消失。但是如今水资源的情况不容乐观，工厂的化学废水以及人类的生活污水都使水域受到了污染。

工业废水

水污染的污染源主要来自工厂排放的工业废水。工业废水中含有许多工业废料和废渣，它们都是污染物质，一旦流入水中，水质就会变得又黑又臭，导致大批动、植物死亡。

工业污水造成大量鱼类死亡

生活污水

我们日常生活中洗衣、洗菜、洗餐具、洗澡的废水都可构成生活污水，生活污水是水污染的一大来源。这些污水里含有大量的氮、磷等成分，它们一旦流入湖泊或近海海域就会引发赤潮。

工业排放的污水

染料污染

化学染料在印染过程中排放的废水，会对环境造成严重的污染。有些化学染料会引起皮肤过敏，有些化学染料会分解有毒的气体，危害人体健康。

被化学染料污染的河水

淡水危机

地球上的淡水资源分布很不均匀，大批的河流、湖泊又受到了污染，这使得地球上许多地方严重缺水。我国人口占世界的 1/4，淡水拥有量却只占 8%，全国有 40 多个城市严重缺水，每天缺水量达 2 000 多万吨。

严重污染的水体使生活在这些水域的动物们无家可归甚至祸及生命

知识小笔记

我国已被联合国列为世界上 13 个缺水国家之一。

赤潮

赤潮又称红潮，通常是指海洋微藻、细菌和原生动物在海水中过度增殖或聚集致使海水变色的一种现象。这是一种有害的生态现象，它能导致水中缺氧，影响渔业生产，间接影响人的健康。

红潮

陆上岛屿

除了海洋之外，陆地上也有一些美丽的岛屿，主要包括湖心岛和半岛。湖心岛通常分布在湖泊中，半岛是大陆向海洋或湖泊延伸的一部分陆地。有了这些岛屿的点缀，陆地的风光才更加美丽迷人。

No.087

湖中明珠——湖心岛

在一些天然或人工开凿的湖泊中，常有一些小岛散布其间，位于湖中心的岛就被称为湖心岛。有的湖心岛是天然形成的，有的湖心岛是人工修建的，它们与湖泊融为一体，是大自然最美丽的风景。

湖心岛的形成

神龙岛是浙江千岛湖众多的岛屿之一，是一个纯人工开发的小岛。岛上现放养有50余种、10 000多条蛇，堪称千岛湖中的蛇类世界。蛇池内的毒蛇有五步蛇、眼镜蛇、竹叶青等，树枝上还盘有许多种类的无毒蛇，如玉斑锦蛇、火赤链蛇等。

湖心岛中经常点缀着漂亮的建筑物，是人们休闲度假的好去处。

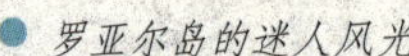

罗亚尔岛的迷人风光

罗亚尔岛

罗亚尔岛位于美国密歇根州，长72千米，最宽处达14千米，是苏必利尔湖上最大的岛。岛上树木繁茂，鸟语花香，已被建为国家公园。游人可以乘独木舟或徒步游览，也可以在河边享受垂钓的乐趣。

光华岛

日月潭中有一个小岛，远看好像浮在水面上的一颗珠子，故名珠子岛，现在叫光华岛。以这个岛为界，湖的北半部分圆圆的像太阳，湖的南半部分弯弯的像月牙，这就是日月潭名字的来源。

光华岛风光旖旎，令人神往，是台湾最美的风景。

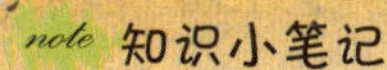

千岛湖有猴岛、鸵鸟岛、梅峰岛等一千多个岛屿。

玛琳湖中的精灵岛

玛琳湖是洛矶山脉中最美丽的湖泊之一，也是加拿大洛基山脉最大的冰河湖。玛琳湖位于杰士伯镇东南方 48 千米处，湖南北长约 22 千米，东西约长 1 千米，是一个长形冰河湖泊。在湖中有一个名叫精灵岛的小岛，岛上有笔直苍翠的针叶林，景色十分优美。

玛琳湖中的精灵岛

帕特兹库亚诺岛

帕特兹库亚诺位于墨西哥西南部的莫雷洛斯州，它的中心有一个岛群，由 6 座大小不一的岛屿组成。湖泊的东南岸是与湖泊名称相同的一座小镇。

帕特兹库亚诺湖中心群岛

No.088

繁荣的水畔——三角洲

三角洲又称“河口平原”。从平面上看，它的形状呈三角形，所以叫“三角洲”。三角洲的面积较大，土质肥沃，非常适合耕作，所以三角洲地区一般是人口密集，经济繁荣的地方。

世界最大的三角洲

世界最大的三角洲是亚洲的恒河三角洲，面积约有 8 万多平方千米。恒河下游分流纵横，主要水道有 8 条，在入孟加拉湾处又与布拉马普特拉河会合一起，形成了广阔的恒河三角洲。

美国人将密西西比河称为“大泥河”，它的三角洲正是河水流向大海的入海口。

密西西比河三角洲

美国的密西西比河三角洲，东西宽 300 千米。由于各支流附近每年都沉积大量冲积物，因而使三角洲的面积不断扩大，目前它仍以平均每年 75 米的速度向墨西哥湾延伸。

孟加拉国位于南亚次大陆的恒河和布拉马普特拉河三角洲上，该国是世界上重要的茶叶消费国和生产国，国内大小茶园有近两百家。

长江三角洲

长江三角洲位于江苏省镇江以东，杭州湾以北，面积约为 5 万平方千米。这里土地肥沃，有“水乡泽国”之称，而且工业基础雄厚、商品经济发达，水陆交通方便，是我国最大的外贸出口基地。

长江三角洲

河流到达入海口后流速逐渐减慢，水中的泥沙不断淤积下来，长年累月后便形成了三角洲。

知识小笔记

多瑙河三角洲是目前世界上保存得最完好的三角洲。

湄公河三角洲

湄公河三角洲又称九龙江平原，位于越南最南部，面积约 4 万平方千米，是越南第一大平原。越南南方 60%～70%的农业人口集中在此，所以这里又成了越南人口最密集的地方。

湄公河三角洲是越南主要的稻米生产基地，东南亚著名的稻米产区之一。

No.089 地中海之靴——亚平宁半岛

亚平宁半岛位于意大利南部，全长约960千米，面积约25.1万平方千米。它西临第勒尼安海，东滨亚得里亚海和爱奥尼亚海，北以阿尔卑斯山脉同中欧、西欧相连，自波河平原向南伸向地中海。

欧洲三大半岛

亚平宁半岛与西班牙、葡萄牙所在的伊比利亚半岛、希腊等国所在的巴尔干半岛并称为欧洲三大半岛。除了整个亚平宁山脉、圣马力诺及梵蒂冈在半岛上之外，意大利的大部分国土也在其中。

意大利比萨斜塔是闻名全球的建筑奇观，其塔顶中心偏离垂直中心线达5.2米。

水上之都——威尼斯。

知识小笔记

亚平宁半岛是典型的地中海式气候，夏季干热，冬季温湿。

优越的地理环境

亚平宁半岛的海岸线曲折，沿岸有许多天然海港，主要港口有热那亚、那不勒斯、塔兰托、威尼斯等。“水城”威尼斯、文艺复兴时代文化艺术中心——佛罗伦萨、古罗马首都罗马城及那不勒斯附近的维苏威火山等是附近著名的旅游胜地。

古罗马竞技场遗址位于意大利首都罗马市中心，它在威尼斯广场的南面，古罗马市场附近。最初是为欢迎凯旋而归的将领士兵和赞美伟大的古罗马帝国而建造的。

大科尔诺山

大科尔诺山海拔 2 914 米，是亚平宁半岛最高的山脉。东坡缓，西坡陡。多火山、地震，著名的维苏威火山和庞贝古城就在半岛中西部。

梵蒂冈全貌

台伯河

台伯河源自亚平宁山脉海拔 1 268 米的西坡，纵贯亚平宁半岛中部，经罗马市区后注入第勒尼安海，全长 405 千米。台伯河是罗马市内最主要的一条河，罗马城就在台伯河下游，跨台伯河两岸。

亚平宁半岛上的梵蒂冈中心广场

No.090

圣者之地——阿拉伯半岛

阿拉伯半岛位于亚洲西南部，与印度半岛、中南半岛并称为亚洲三大半岛。这里气候终年炎热，也没有常年有水的河流和湖泊，因此形成了大片的沙漠，“阿拉伯”一词就是沙漠的意思。

↑ 阿拉伯半岛包括阿拉伯、阿曼在内的 7 个主权国家的领土。图为阿曼首都马斯喀特海港。

世界上最大的半岛

阿拉伯半岛位于亚洲和非洲之间，它从中东向东南方伸入印度洋。阿拉伯半岛南北全长约 2 240 千米，东西宽 1 200 ～ 1 900 千米，总面积达 322 万平方千米，是世界最大的半岛。

↓ 阿拉伯半岛的气候非常干燥，几乎整个半岛都是热带沙漠气候区。

阿拉伯半岛的形成

大约在一千多万年前，地中海和印度洋之间的大陆是连在一起的。后来发生了地壳大变动，形成了东非大裂谷，陆地中间陷落成为红海。红海把亚非大陆截然分开，红海东边的一块土地成了一个略呈长方形的半岛——阿拉伯半岛。

丰富的资源

阿拉伯半岛及附近的海湾中蕴藏着大量的石油和天然气，岛上许多国家都以此为经济支柱。沙特阿拉伯是世界上生产石油最多的国家，石油工业的产值占国民经济总产值的 80%以上，被称为“石油王国”。

阿拉伯半岛有丰富的石油资源。

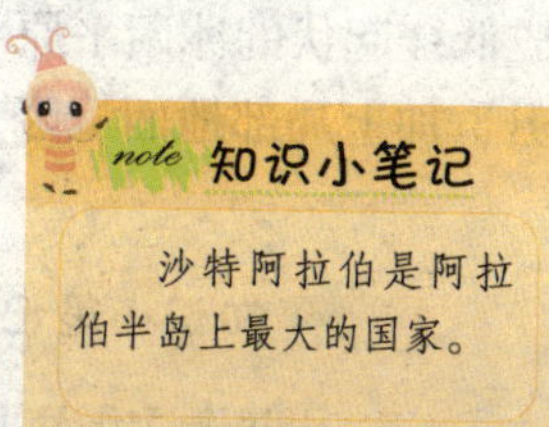

note 知识小笔记

沙特阿拉伯是阿拉伯半岛上最大的国家。

炎热的气候

阿拉伯半岛是世界上最热的地区之一，年平均气温都在 20℃以上，最热的 7 月平均气温超过 30℃。南部地区更加酷热，如半岛南端的亚丁，年平均气温为 28.9℃，最高气温甚至达到 55℃。

亚丁位于阿拉伯半岛的西南端，这里干燥少雨，年降雨量只有 41 毫米。

北欧冰洲——日德兰半岛

日德兰半岛位于欧洲北部，介于北海和波罗的海之间，丹麦国土大部分位于日德兰半岛上。日德兰半岛西临北海，北临斯卡格拉克海峡，东临卡特加特海峡和小贝尔特海峡。

形成原因

日德兰半岛和附近岛屿在第四纪时全境被冰川覆盖。冰川消退后，留下的冰碛物形成低缓起伏的冰碛平原和冰碛湖。冰期结束后，海平面上升，加上局部地面沉降，使原来的陆地分成半岛和岛屿。

根据丹麦著名作家安徒生的童话《海的女儿》雕塑出来的艺术作品

知识小笔记

1916年5月31日，英国和德国海军唯一的一次大战——日德兰半岛之战发生在日德兰半岛北面的斯卡格拉克海峡。

美人鱼铜像

美人鱼铜像是丹麦的象征。它位于丹麦首都哥本哈根朗厄里尼港入口处一块巨大的鹅卵石上，它是根据安徒生童话《海的女儿》中女主角的形象用青铜雕铸的。

地理特点

日德兰半岛北部的沙滩和中部的湖泊，到处可见冰河时代形成的遗迹。半岛东部多峡湾，海岸线曲折，有利于航运和发展渔业。这里矿产缺乏，仅有少量褐煤和高岭土。

哈拉尔国王为了纪念他的父母，便在父母坟墓上立了一块刻有北欧古文字的石碑，碑文是用一种早期日耳曼人使用的文字——卢恩文写成的。丹麦人把耶林石碑说成是丹麦王国诞生的证明，该石碑直到今天仍受到举国上下的尊敬。

丹麦日德兰半岛上游动的白云和放牧的羊群

安徒生雕塑

耶林墓家

耶林墓家是日德兰半岛久负盛名的人文景观，位于日德兰半岛中部，是丹麦王室的创立者高姆和他的儿子“蓝牙王”哈拉尔安息之所。

安徒生博物馆

安徒生博物馆位于丹麦菲茵岛中部的奥登塞市区，它是为纪念丹麦伟大的童话作家安徒生诞生100周年而建立的。博物馆共有陈列室18间，前12间按时间顺序介绍安徒生生平及其各时期作品，第13～18间收集了来自世界各国出版的安徒生的作品。

塞纳河明珠——西岱岛

西岱岛位于法国巴黎的塞纳河中，是法国文化和法兰西民族的发源地，现在依然是法国文化、政治界名流必居之地。西岱岛的景色优雅迷人，周围有卢浮宫、巴黎圣母院、巴士底狱等历史悠久的建筑。

西岱岛的历史

公元前 3 世纪，法国还没有什么城市，巴黎的市镇只有一个叫吕岱安的小岛。公元前 52 年，恺撒大帝的罗马军队沿着塞纳河浩浩荡荡来到这里。在其后的几个世纪，罗马人在这里修道路，挖水渠，筑宫殿……西岱岛周围逐渐形成了城市。

恺撒大帝，罗马共和国末期杰出的军事统帅、政治家。古罗马共和国领袖和军事统帅，军事家。

巴黎凯旋门坐落在巴黎市中心夏尔·戴高乐广场（又称星形广场）中央，是拿破仑为纪念他在奥斯特利茨战役中大败奥俄联军的功绩，于 1806 年 2 月下令兴建的。

交相辉映

西岱岛是塞纳河中两个相近的小岛中的一个，另一个在它的近旁，叫圣路易岛。两个岛屿相距 50 米，由一座小小的圣路易桥相连，非常精巧地镶嵌在塞纳河中。西岱岛东侧就是始建于 1163 年，历时 182 年建成的巴黎圣母院。

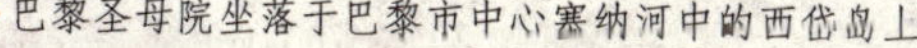
巴黎圣母院坐落于巴黎市中心塞纳河中的西岱岛上

法国巴黎的塞纳河

浓厚的文化气息

法国以艺术和文化出名。巴黎人从西岱岛吕岱斯时代开始，就呼吸在文化艺术的空气里，浸泡在文化艺术的甘露里。宏伟的巴黎圣母院、闻名遐迩的埃菲尔铁塔、艺术殿堂卢浮宫、奇特的蓬比杜艺术中心……处处都流露出浓厚的文化气息。

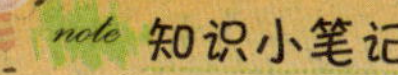
note 知识小笔记

西岱岛是巴黎最中心最古老的地方。

位于法国巴黎市中心的塞纳河边，原是法国的王宫，现在是卢浮宫博物馆，拥有的艺术收藏达 40 万件，包括雕塑、绘画、美术工艺及古代东方、古代埃及和古希腊、古罗马 7 个门类。

自然灾害

自然灾害是自然界中所发生的异常现象，如洪水、地震、火山爆发等都属于自然灾害，它们对人类社会所造成的危害往往是触目惊心的。如何减少和消灭这些自然灾害，已成为国际社会的一个共同主题。

No.093

旋转的气流——龙卷风

有的时候，地面上会突然出现一种高速旋转的风，这种风就是龙卷风。龙卷风的破坏能力非常大，往往使成片庄稼、树木瞬间被毁，令交通中断、房屋倒塌、人畜生命遭受损失。

龙卷风的威力

龙卷风是一种强烈的旋风，它一边旋转，一边向前移动。它的上端与积雨云相接，下端有的悬在半空中，有的直接延伸到地面或水面。龙卷风的破坏力非常惊人，它不仅可以将大树连根拔起，还能把100多吨的重物举到10米以上的高空，并摔出百米远。

龙卷风将粗壮的树干折断

龙卷风威力巨大，可以卷走房子的屋顶。

龙卷风的特点

龙卷风通常是极其快速的，每秒钟100米的风速不足为奇，最快时每秒钟可达175米以上。风的范围很小，一般直径在25～100米，只在极少数的情况下直径才达到1 000米以上。从发生到消失只有几分钟，最多几个小时。

高大的卷筒

当龙卷风袭来的时候，我们会看到一条直通天空的旋转的筒子。龙卷风在移动时卷起了地面的灰尘，这些灰尘使龙卷风看起来是一条灰色的筒子。

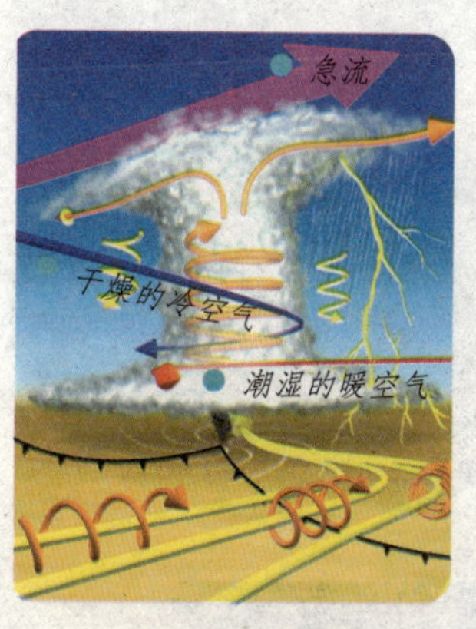

龙卷风形成示意图

龙卷风以铺天盖地之势席卷村庄

note 知识小笔记

发生龙卷风最多的国家是美国。

龙卷风多发季节

龙卷风通常都发生在夏季天气变化剧烈的时候，尤其是雷雨天气，在下午至傍晚最为多见。在龙卷风发生以前，气温会突然发生改变，这样会促使龙卷风形成。

沙漠的警报——沙尘暴

在春季，有时候天空中会布满含有黄沙的厚厚云层，此时整个天空会变成可怕的土黄色，这就是沙尘暴要来临了。在沙尘暴经过的地方会刮起强烈的风沙，严重阻碍交通，也给环境造成很大的破坏。

强烈的风

如果一个地区没有减缓风速的植被，当刮起风的时候，风速会越来越强烈。强烈的风会把地面上的沙子和土壤卷起来，吹到空中，这些沙子借助风的力量向其他地方入侵。

沙尘暴阻断交通

沙尘暴的季节

初春时，从北方吹来的冷空气会把枯萎的草原和荒漠的沙砾卷起来，制造大量沙尘暴。干旱地区的沙尘暴很大，风吹来的沙子甚至会将一些土壤埋没，使在这些地方居住的人受到很大的威胁。

沙尘暴来临时风沙漫天

最远飘到海边

虽然沙子比空气要重得多，但是在强风的吹拂下，它们可以到达很远的地方。比如，起源于中亚草原的沙尘暴可以一直刮到海边。

note 知识小笔记

塔克拉玛干沙漠是我国境内沙尘暴天气的高发区。

非洲草原上的干旱现象

防治沙尘暴

现在唯一阻止沙尘暴的方式就是提高土壤的植被覆盖，但这是一个很困难的事情。因为各地区的天气变化不同，所以植被生长也不同。比如，在早春的中亚，这里的植被还没有生长出来，就不能够阻挡沙尘暴的袭击。

保护身边的环境

为了防止水土流失，人们已经开始大面积绿化造林了。对于土地、水、森林、矿物这类宝贵的自然资源，不宜过度使用，应当懂得珍惜，珍惜每一点自然资源都是对地球最好的保护。

我国的“三北”防护林在植被保护、防风治沙、改善生存环境等方面都起了巨大作用。

No.095

冻结的雨滴——冰雹

冰雹也被称为雹子，是一种特殊的降水，经常在春夏之交的时候发生。和降雨、降雪不同的是，冰雹会对地面上的农作物、植物和动物造成伤害，给农业生产和人身安全带来危险。

冰雹的形成

当富含水汽的云在极速变冷以后，内部的水汽会凝聚成冰晶。此时，云下面还有很强的气流冲击，使这些冰晶无法落到地面，直到这些冰晶长成冰粒，气流托不住它们了，这些冰粒就落下来，成为冰雹。

冰雹多发区

冰雹大多发生在内陆山区的山谷之间，这里的地形容易形成较强的对流天气，为冰雹的形成创造了条件。据统计，每年的4～7月是冰雹的多发期。

冰雹给农作物带来灾难

形成冰雹的云是一种十分强盛的积雨云，只有发展特别旺盛的积雨云才可能形成冰雹。

含冰雹的云

含冰雹的云是由水滴、冰晶和雪花组成的，一般分为三层：最下面一层温度在 0℃以上，由水滴组成；中间温度为−20 ~ 0℃，由水滴、冰晶和雪花组成；最上面一层温度在−20℃以下，基本上由冰晶和雪花组成。

知识小笔记

通常冰雹降落的范围不大，持续时间也不会特别长。

冰雹的防治

现代发达的气象和通信技术使人们可以很快获知冰雹云的到来，并提前准备好预防。当一片冰雹云飘来的时候，我们可以采用化学物质、火箭等手段驱散雹云，保证地面人员和财产安全。

Natural Disaster

Hailstone

岩浆之怒——火山爆发

地壳下100～150千米处的岩浆在高温高压下，从地壳薄弱的地方冲出地表就形成了火山。火山爆发是地球内部能量释放的一种方式，这个灾难性的自然现象曾使很多传说中的人类文明消失于瞬间。

火山的种类

按火山活动情况可将火山分为3类：活火山、死火山和休眠火山。死火山指以前发生过喷发，但有人类历史记录以来一直没有发生喷发的火山；休眠火山就是长期以来处于相对静止状态的火山；活火山是指今天还在不断喷发的火山。

火山喷发是地球上最有威力的自然现象，它呈现了大自然的疯狂面目，也是人类最害怕的事情。

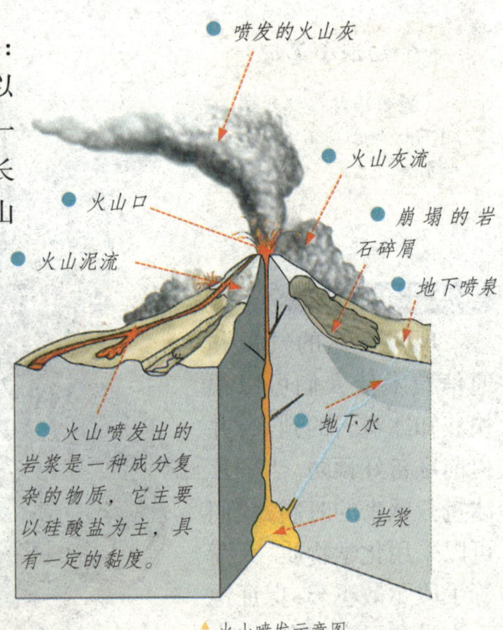

火山喷发出的岩浆是一种成分复杂的物质，它主要以硅酸盐为主，具有一定的黏度。

火山喷发示意图

冒纳罗亚火山

冒纳罗亚火山是世界上活动力非常旺盛的火山之一，它位于美国夏威夷群岛的中部，海拔4 170米。18世纪以来，该火山共喷发了35次。

夏威夷的冒纳罗亚火山是世界著名的活火山之一，18世纪以来，该火山共喷发了35次，至今山顶上还留有好几个宽大的火山口。

知识小笔记

公元79年的维苏威火山爆发使庞贝古城从地球上消失了。

岩浆和火山灰

岩浆是由熔融状的硅酸盐和部分熔融的岩石组成的，火山灰由岩石、矿物和玻璃状碎片组成。火山灰可以在平流层长期驻留，从而对地球气候产生严重影响，也会对人、畜的呼吸系统产生不良影响。

火山喷发出的岩浆

阿根廷境内的阿空加瓜山是世界最高的死火山

世界最高的死火山

世界最高的死火山是阿空加瓜山，它位于南美洲阿根廷境内，海拔6 959米。它不但是美洲最高的山，也是整个西半球的最高峰。

No.097

大地的震颤——地震

当地壳突然出现断裂的时候，就会释放大量能量，造成大地震动。强烈的地震会在几分钟内使整个城市变成废墟，造成大量人员伤亡，还会引发火灾、泥石流等灾难。

最早探测地震的仪器

世界上最早探测地震的仪器是由我国东汉时期的天文学家张衡发明的。该仪器外壁均匀地分布着 8 条口含铜丸的铜龙，每条龙的下方各有一个张开嘴的蟾蜍。地震来时，朝向地震发生方向的那条龙嘴里的铜丸就会掉到下面蟾蜍的嘴里。

未卜先知的动物

老鼠、猫、狗、蚂蚁等动物通常在地震来临前，都会表现得烦躁不安，出现许多异常行为。一些学者认为这些动物可以感觉到地震到来前环境中一些微小的变化。

横波和纵波

当地震发生时，我们首先感受到上下晃动，其实这是由于纵波到达的缘故，紧接着横波就过来了，然后大地开始左右前后摇动。在一次地震中，横波一般要比纵波晚一些到达，不过它的破坏性却比纵波强得多。

地震造成的地裂塌陷。

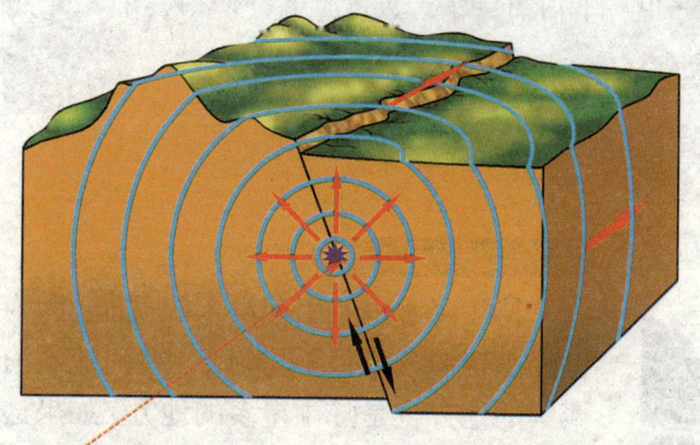

震源位于地球内部，是地震震动的发源处。地面上与震源正对着的地方称为震中，震中附近震动最大。

知识小笔记

唐山地震及汶川地震是我国自新中国成立以来破坏性最强的地震。

地震震级

地震大小根据其释放能量的多少来划分，用“级”来表示。地震越强，震级越大，对环境造成的破坏性也越大。根据理论计算，地球上最大的地震是 9 级。

地震等级划分

震 级	地 震 现 象
震度 0 级	人体没有任何感觉，但地震测量仪上有记录
震度 1 级	静坐室内或留心地震的人会有所感觉
震度 2 级	大部分人都会有感觉，而且门窗也会微微震动
震度 3 级	房屋摇动，电灯或水缸中的水会摇晃
震度 4 级	房屋剧烈摇动，水缸中的水溢出，行人此时也能感觉到地面的摇动
震度 5 级	墙壁出现裂纹，墙或道路坍塌
震度 6 级	少部分房屋会倒塌并有地裂出现，人无法站立
震度 7 级	大部分房屋倒塌，出现山崩地裂

可怕的水魔——洪水

No.098

如果一个地方的降雨量过大，会造成江河湖泊的水位暴涨，导致洪水的发生。疯狂的洪水会冲毁所有阻碍它们的东西，无论是房子、农田、公路、铁路，都会被洪水破坏。至今，人们对洪水还没有很好的治理方法。

持续降水

持续降水也有引起洪水的可能。因为世界水资源分布很不均匀，一些河流湖泊聚集的地方也是降雨量多的地方，如果这些地方的降雨量超出了正常的标准，将很容易引发洪水。

洪水给人们的生产、生活带来巨大危害，也给经济造成重大损失。

特大暴雨

在我国，把日降雨量超过 250 毫米的强降雨称为特大暴雨。特大暴雨会在短时间内使河流湖泊水位猛烈上涨，很容易引发洪水。所以当一个地方有特大暴雨警报的时候，这个地方就要做好准备，组织抗洪抢险。

特大暴雨

洪水多发区

河流、湖泊、海边和水坝等水量充足的地方都有可能发生洪水，湖泊水位过高、河流堤坝的溃烂和水坝事故都是洪水发生的原因。

降雨量暴增引发的洪水

知识小笔记

每年的夏季和秋季是防范洪水的季节。

泄洪

当洪水已经无法避免的时候，人们会采取泄洪的方法将损失减少到最低。泄洪的区域一般会选在有利于洪水消退的地区，而且会尽量避开人口密集的地区。

李冰是战国时期秦国的太守，他和儿子率领部下修建了都江堰这一举世闻名的水利工程。

都江堰的修建

人类历史上曾经多次遭遇洪水，这些洪水给人类带来了巨大的灾难。古代的人们用输导的办法来降低洪水发生的危险，其中最著名的古代水利工程就是都江堰，它的修建有效制止了洪水的泛滥。

No.099

无雨的悲哀——干旱

地球上并不是每个地方都会风调雨顺，有时候一些地方的降水很少，这时这里就面临干旱的天气。干旱会给陆地上的生物带来很坏的影响，也给人类的生存造成很大的威胁。

干旱和旱灾的区别

干旱和旱灾是两个不同的科学概念。干旱通常指淡水总量少，不足以满足人的生存和经济发展的气候现象；而旱灾只是偶发性的自然灾害，甚至在通常水量丰富的地区也会因一时的气候异常而导致旱灾。

怎么才算干旱

干旱并不是指一点雨也不下，而是和以往相比，降水量明显偏低，以至于不能满足地面上生物的需求，因此干旱不仅仅出现在大陆内部，也会发生在海边。

炎热的夏天水分蒸发很快，海边也容易出现干旱状况。

干旱的危害

干旱会使湿润肥沃的土地变得龟纹纵横，导致农作物减产或绝产以及加快土壤沙漠化的进度。久旱不雨的天气会引发各种火灾，热浪还会夺去人类的生命。防治水旱灾害已成为世界各国当前面临的严峻任务之一。

植物的叶子因缺少水分而干枯

非洲居民正在艰难地运水

最干旱的地区

世界上有很多地区严重缺水，为了解决威胁生存的干旱问题，非洲许多地方的人甚至会花几个小时到很远的地方去背水。沙漠是降水量最少的地区，在沙漠里任何植物都很难生存，因此这里一片荒凉，被称为“生命禁区”。

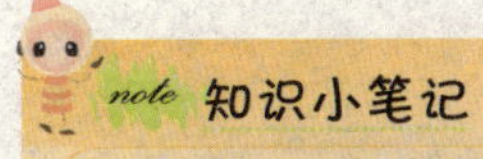

知识小笔记

塔克拉玛干沙漠是我国最干旱的地区。

严重的干旱使地面出现了裂痕

减少干旱的发生

为了保障农业生产，人们可以采取一些措施，以减少旱灾带来的灾害。如兴修水库和打机井、多植树造林涵养水源、节约用水、合理开发利用地下水等。

No.100

山区险象——泥石流和滑坡

泥石流和滑坡通常发生在山区。当泥石流发生的时候，山洪卷着大量的石块和土壤，发出轰隆隆的声音，从山顶上倾泻下来。有时泥石流还造成山体滑坡，对附近居民的安全造成很大的威胁。

泥石流的形成条件

泥石流的形成必须同时具备以下 3 个条件：陡峻的便于集水、集物的地形、地貌；有丰富的松散物质；短时间内有大量的水源。

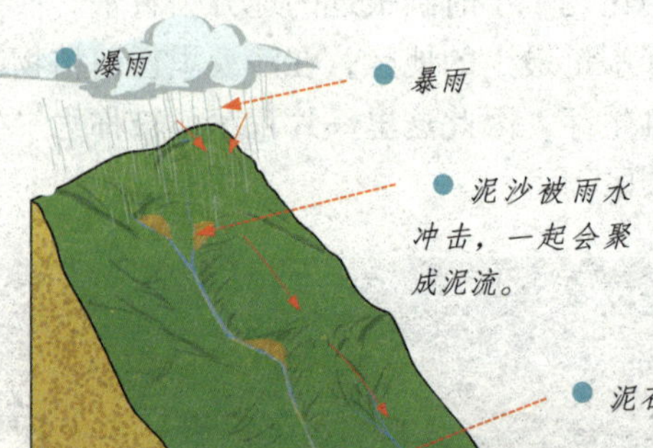

泥石流造成房屋倒塌、交通堵塞。

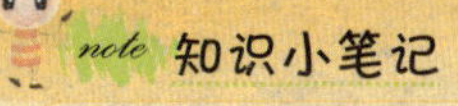

松散的山坡

山坡上的土壤一般十分松散，如果这里的植被遭到破坏，这些土壤就会失去保护。当暴雨降临的时候，雨水就会冲刷土壤，把这些土壤冲走，形成泥石流。

知识小笔记

泥石流的分布地带受地形、地质和降水条件的控制。

山坡松散的土壤被雨水冲刷下来，形成泥石流。

山体失去支撑力时，山体薄弱地带会自动断开，整体下滑。

山体滑坡

滑坡是一种和泥石流不同的灾难性地质灾害，大多发生在那些结构不稳定的山体上。当山体失去足够的支撑力，就会在重力作用下垮塌，整块山体垮塌时会发出雷鸣般的声音，把山下的建筑和农田埋没。

植树造林可以稳固土壤，防止水土流失。

防治措施

植树造林可以减少泥石流的发生，因为植物可以加固土壤，稳固的土壤不容易被泥石流冲走。但是滑坡却很难避免，最好的办法就是远离那些容易发生滑坡的地方，尽量做好防范工作。

图书在版编目（CIP）数据

令孩子着迷的100个地球真相/畲田编著. —西安：
陕西科学技术出版社，2009.1（2022.1重印）
（全景百科·学生版）
ISBN 978-7-5369-4371-1

Ⅰ.令… Ⅱ.畲… Ⅲ.地球—少儿读物 Ⅳ.P183-49

中国版本图书馆CIP数据核字（2008）第190221号

全景百科·学生版
LING HAIZI ZHAOMI DE YIBAIGE DIQIU ZHENXIANG
令孩子着迷的100个地球真相

出版人 崔斌
责任编辑 李栋
封面设计 李亚兵

出版者 陕西新华出版传媒集团 陕西科学技术出版社
西安市曲江新区登高路1388号陕西新华出版传媒产业大厦B座
电话（029）81205187 传真（029）81205155 邮编710061
http://www.snstp.com
发行者 陕西新华出版传媒集团 陕西科学技术出版社
电话（029）81205191 81205192
印刷 三河市燕春印务有限公司
规格 720 mm×1000 mm 1/20
印张 11
字数 183千字
版次 2009年1月第1版
印次 2022年1月第3次印刷
书号 ISBN 978-7-5369-4371-1
定价 49.80元